今すぐ使えるかんたん mini

ゴープロ
GoPro
改訂第3版

基本&応用 撮影ガイド

HERO 13 Black / HERO 12 Black / HERO 11 Black 対応
The most versatile camera

技術評論社

GoProの魅力

POINT 1

4Kの上を行く5.3Kに対応した圧巻の高精細撮影

HERO11/12/13 は、4K（約830万画素）を超える5.3K（約1,590万画素）に対応した、他を圧倒する高精細なビデオ撮影および、従来機種の2倍以上の、2700万画素の有効画素数で写真を撮影できる。

POINT 2

優れた防水性・耐久性

ハウジングなしで水深10mまでの防水性能を備え、雨の日の撮影や水中でのアクティビティにも連れ出せる。さらに低温下にも耐えるタフなバッテリーにより、雪山や冬のアウトドアでも問題なく撮影が可能。

多彩な撮影モード

POINT 3

ビデオ・写真・タイムラプスのメイン撮影モードは、どれも直感的な操作が可能。目的やシーンに合わせて使い分けることで撮影の幅がさらに広がる。

多彩なナイトエフェクト

POINT 4

地球の自転を利用して星の光跡を記録できる「スタートレイル」や、動きのある光源を使用して光の絵を描く「ライトペインティング」など、アーティスティックなフォトを簡単に撮影できる。

POINT 5 エミー賞に輝いたビデオブレ補正機能

撮影者の動きやスピードに合わせて自動で手ブレや揺れを最小限に抑えることで、どんなシーンでもプロ仕様のクオリティを追求できる。オフロードの車上や水中など、外付けのスタビライザーに頼れない場面でも気にならないレベルだ。

POINT 6 撮影の幅を広げる多彩なアクセサリー

撮影を助けるアクセサリーも多彩だ。水と衝撃から守るハウジングや、様々な角度での撮影を可能にするマウント、三脚など、多彩なアクセサリーを利用することで、あらゆるシーンでの撮影がさらに充実する。また、HERO13の新アクセサリー「超広角レンズモッド」を使えば、標準レンズよりも横幅を36%、縦幅を48%も広げて撮影することができる。

POINT 7

撮影・編集・シェアに便利な『Quik』

専用アプリ『Quik』を使えば映像のポテンシャルをさらに引き出せる。トリミング、音楽の追加、フィルターの適用などの作業を撮影から間をおかず自動で生成し、ストーリーをシームレスにSNSでシェアできる。もちろん、自分好みに細かい調整を施すこともできるので、こだわりの映像制作にも対応したアプリだ。

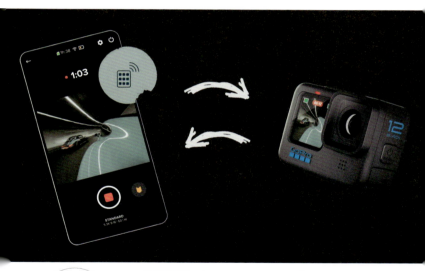

POINT 8

アプリ連携でスマートフォンをリモコンに

『Quik』を介してGoPro本体とスマートフォンを接続すれば、リモートコントロールが可能になる。撮影の開始・停止などの基本操作に加えて、リアルタイムプレビューを確認しながらフレーミングを調整する、といった芸当も可能だ。また、ライブストリーミングで撮影の瞬間をシェアできる。TwitchやYouTube、Facebookなど、活躍の幅を広げよう。

Chapter ① GoPro HERO11/12/13の基本を知ろう

Section 01 GoProの各部名称と役割を確認しよう 14

① HERO13の各部名称
② HERO11/12の各部名称

Section 02 撮影前にGoProを準備しよう 18

① バッテリーをセットする
② バッテリーを充電する
③ microSDカードをセットする
④ 電源を入れる
⑤ 初期設定を行う
⑥ スマートフォンでの操作

Section 03 マウントの取り付け方を知ろう 24

① HERO11/12/13のマウント用取り付け具
② HERO11/12/13をマウントに取り付ける

Section 04 GoProの基本操作を知ろう 26

① タッチスクリーンで操作する
② シャッターボタンで操作する
③ モードボタンで操作する
④ HERO11/12/13の画面詳細
⑤ ステータススクリーンの画面詳細
⑥ ボタンでナビゲートする

Column 各マウントの活用ポイント 32

Chapter ② GoProで撮影しよう

Section 01 HERO/11/12/13で撮影しよう 34

① 設定手順
② HERO11/12/13の撮影手順
③ HERO11で動画を撮影する
④ HERO12/13で動画を撮影する
⑤ HERO11で写真を撮影する
⑥ HERO12/13で写真を撮影する
⑦ HERO11でタイムラプスを撮影する
⑧ HERO12/13でタイムラプスを撮影する

Section 02 HERO11/12/13のプリセットを設定しよう 42

① プリセットをカスタマイズする
② プリセットを元の設定に戻す
③ 独自のプリセットを作成する
④ プリセットを消去する

6

Section 03 撮影したメディアを確認しよう 46

❶ 再生画面を表示する
❷ ギャラリービューを使用する
❸ 動画を再生する
❹ 写真を再生する

Section 04 撮影した動画や写真を消去しよう 50

❶ 1つのメディアを消去する
❷ メディアの一部だけを消去する
❸ 複数のメディアを消去する

Section 05 Quikアプリを活用しよう 52

❶ スマートフォンで見るプレビュー画面
❷ 再生画面
❸ カメラのユーザー設定
❹ カメラ設定

Section 06 パソコンにGoProのデータを移そう 58

❶ SDカードからパソコンへ
❷ 本体とパソコンをつなぐ

Column GoProのエントリーモデル「HERO」 60

Chapter ❸ **GoProの便利な機能を設定しよう**

Section 01 動画の品質を設定しよう「解像度」............... 62

❶ 解像度はシーンで使い分ける
❷ 操作手順

Section 02 動画のなめらかさを調整しよう「フレームレート」...... 64

❶ フレームレートで動きをなめらかにする
❷ 操作手順

Section 03 動画の視野角を変更しよう「レンズ」............... 66

❶ 視野角を選んで撮影する
❷ 操作手順

Section 04 ズーミングして遠近を調整しよう「タッチズーム」...... 68

❶ タッチズームで遠近を調整する
❷ 操作手順

Section 05 手ブレを補正しよう「HYPERSMOOTH」............... 70

❶ 手ブレを補正してなめらかな動画を撮影する
❷ 操作手順

7

Section 06 **撮影時の設定を手動で調整しよう「Protune」**......... 72

① Protuneを設定する
② 操作手順
③ Protune設定のリセット

Section 07 **動画の色合いを変更しよう「ホワイトバランス」**......... 76

① ホワイトバランスでイメージ通りの色を出す
② 操作手順

Section 08 **動画の色調を変更しよう「カラー」**......... 78

① リアルなカラー、鮮やかなカラーなどで撮影する
② 操作手順

Section 09 **暗い場所で撮影しよう「ISO感度」**......... 80

① ISO感度を調整し暗い場所で撮影する
② 操作手順

Section 10 **動画の鮮明さを調整しよう「シャープネス」**......... 82

① 鮮明さをコントロールする
② 操作手順

Section 11 **動画の明るさを調整しよう「EV値」**......... 84

① 被写体のイメージに合わせて明るさを調整する
② 操作手順

Section 12 **測光範囲を変更しよう「露出コントロール」**......... 86

① 明るさの基準となる場所を選択する
② 操作手順

Section 13 **お気に入りの場面に目印をつけよう「HiLightタグ」**... 88

① 撮影したビデオを再生してHiLightタグを付ける
② 撮影中にHiLightタグを付ける

Section 14 **長時間の連続撮影をしよう「ループ」**......... 90

① 上書き保存を繰り返して長時間撮影する
② 操作手順

Section 15 **自動で撮影しよう「スケジュールキャプチャー」**......... 92

① 自動で撮影を開始する
② デュレーションキャプチャーと組み合わせる
③ 操作手順

Section 16 **セルフィーや集合写真を撮影しよう「写真タイマー」**... 94

① 写真タイマーを使って撮影する
② 操作手順

Section 17 **シャッター速度を変更しよう「シャッター速度」**......... 96

① シャッター速度を調節する
② 操作手順

8

Section 18 画像処理で写真の品質をあげよう「出力」 ·················· 98
① 4つのオプションから選択する
② 操作手順

Section 19 音をきれいにとろう「ウィンド低減」 ····················· 100
① マイクを設定する
② 操作手順

Section 20 音声でGoProを操作しよう「音声コントロール」 ······ 102
① 音声コマンドを覚える
② 操作手順

Section 21 連続写真を撮影しよう「バースト」 ························· 104
① 一瞬のすばやい動きを撮影する
② 操作手順

Section 22 暗い場所で写真を撮影しよう「ナイトフォト」 ·········· 106
① 夜でも快適に撮影する
② 操作手順

Section 23 なめらかなタイムラプスビデオを撮影しよう「TimeWarp」 ··· 108
① 動きながらなめらかなタイムラプスビデオを撮影する
② 操作手順

Section 24 パラパラマンガのような画を撮ろう「タイムラプス」 ··· 110
① タイムラプスの種類を知る
② 操作手順

Section 25 夜間のタイムラプスを撮影しよう「ナイトラプス」 ··· 112
① 夜間でも美しくタイムラプスを撮影する
② 操作手順

Section 26 大切なシーンを逃さず撮ろう「ハインドサイト」 ········ 114
① シャッターチャンスを逃さずに撮影する
② 操作手順

Section 27 常に水平を維持して撮影しよう「水平ロック」 ·········· 116
① 水平を保ったまま撮影する
② 操作手順

Column RAW形式を理解しよう ······························· 118

Chapter ④ GoProの撮影を楽しもう

Section 01 サーフィン・マリンスポーツ ···································· 120
- ❶ 波に乗っている様子を自分視点で撮影する
- ❷ 波に乗っている仲間の様子を撮影する
- ❸ 水中の様子を撮影する

Section 02 バイク・自転車 ··· 126
- ❶ バイクに乗る楽しさが伝わる映像を残す
- ❷ ヘルメット、チェストマウントを活用する
- ❸ パイプマウントを活用する

Section 03 家族との日常 ··· 130
- ❶ 子どもと一緒に料理する様子を撮影する
- ❷ 公園での様子を撮影する

Section 04 愛犬との日々 ··· 134
- ❶ 愛犬の色々な表情を撮る
- ❷ 飼い主・家族との触れ合いを撮影する
- ❸ 愛犬目線で撮影する

Section 05 旅の記録 ·· 138
- ❶ 楽しい旅の様子を記録する

Chapter ⑤ GoProで撮影した動画を編集しよう

Section 01 Quikアプリで動画を編集しよう ····························· 144
- ❶ Quikアプリをスマートフォンにインストールする
- ❷ スマートフォンから画像や動画を読み込む
- ❸ GoProから画像や動画を読み込む
- ❹ メディアを選択する
- ❺ テーマを選択する
- ❻ 音楽を選択する
- ❼ 長さ、形式を設定する
- ❽ クリップを編集する
- ❾ 保存する
- 応用編 ❶ 自動ハイライトビデオを利用する
- 応用編 ❷ 写真の色味を調整する
- 応用編 ❸ フィルターを使ってメディアを選ぶ

10

Chapter ⑥ GoProのこうしたい！ 解決Q&A

Section 01 日付・時刻をセットしたい ································· 158
- ❶ 時刻を正しく設定する
- ❷ 日付と日付形式を設定する

Section 02 電子音を設定したい ······································ 160
- ❶ 電子音を設定する

Section 03 QuikCaptureで起動時間を短縮して撮影したい ··· 161
- ❶ QuikCaptureを設定する

Section 04 起動時のプリセット/撮影モードを選びたい ········ 162
- ❶ 起動後すぐに撮影できるよう設定する

Section 05 電源が自動でオフになる時間を設定したい ········· 163
- ❶ 電源の自動オフの時間を設定する

Section 06 ステータスライトをオフにしたい ··················· 164
- ❶ ステータスライトをオフにする

Section 07 テレビで再生した時のちらつきを防ぎたい ········· 165
- ❶ ビデオ形式を切り替える

Section 08 撮影方向をロックしたい ································· 166
- ❶ 方向をロックする

Section 09 スリープするまでの時間を設定したい ·············· 167
- ❶ スクリーンセイバーを設定する

Section 10 タッチスクリーンの明るさを調節したい ············ 168
- ❶ 明るさを調節する

Section 11 GPSを有効にして撮影したい ························· 169
- ❶ GPS情報を取得する

Section 12 使用言語を変更したい ·································· 170
- ❶ 言語を設定する

Section 13 GoProのファームウェアをアップデートしたい ····· 171
- ❶ Quikアプリで更新する
- ❷ 手動で更新する

Section 14 星空を美しく撮影したい ································· 174
- ❶ スタートレイルで撮影する

Section 15	光で絵を描きたい	175

❶ ライトペイントで撮影する

Section 16	幻想的な都市景観を撮影したい	176

❶ ライトトレイルで撮影する

Section 17	撮影時間を決めてから撮影したい	177

❶ 撮影時間を設定する

Section 18	バッテリーの状態を確認したい	178

❶ バッテリー情報を確認する

Section 19	なくしてしまったGoProを見つけたい	179

❶ QuikアプリでGoProを探す

Section 20	GoProの情報をリセットしたい	180

❶ リセットする項目を選ぶ

Section 21	ライブストリーミングを使いたい	181

❶ ライブストリーミングの配信先を選ぶ
❷ ライブストリーミングをセットアップする
❸ ライブストリーミングを開始する

Section 22	HERO13のレンズを使いこなしたい	184

❶ レンズ紹介
❷ 取り付け方
❸ 実際に撮影した映像

GoProアクセサリーカタログ ⋯⋯⋯⋯⋯⋯⋯⋯⋯⋯⋯⋯⋯⋯⋯⋯⋯⋯⋯⋯⋯⋯⋯⋯ 186

HERO11／HERO12／13機能比較一覧 ⋯⋯⋯⋯⋯⋯⋯⋯⋯⋯⋯⋯⋯⋯⋯ 188

索引 ⋯⋯⋯⋯⋯⋯⋯⋯⋯⋯⋯⋯⋯⋯⋯⋯⋯⋯⋯⋯⋯⋯⋯⋯⋯⋯⋯⋯⋯⋯⋯⋯⋯⋯ 190

ご注意　※ご購入ご利用の前に必ずお読みください

本書の情報は2024年12月現在のもので、一部の掲載表示額や情報は変更される場合
があります。あらかじめご了承ください。
本書に掲載された内容は、情報の提供のみを目的としています。したがって、本書を用
いた運用は、必ずお客様自身の責任と判断によって行ってください。これらの情報の運
用について、技術評論社および筆者はいかなる責任も負いません。

以上の注意点をご承諾いただいた上で、本書をご利用願います。これらの注意事項をお
読みいただかずにお問い合わせいただいても、技術評論社および筆者は対処いたしかね
ます。あらかじめ、ご承知おきください。

●本書記載の商品名、サービス名、会社名等は、商標または登録商標です。その他の製品等の名
　称は、一般に各社の商標または登録商標です。

Chapter 1

GoPro HERO11/12/13の基本を知ろう

Section 01	GoProの各部名称と役割を確認しよう
Section 02	撮影前にGoProを準備しよう
Section 03	マウントの取り付け方を知ろう
Section 04	GoProの基本操作を知ろう

Chapter 1 ▶ GoPro HERO11/12/13の基本を知ろう

Section 01 GoProの各部名称と役割を確認しよう

Keyword 各部名称

GoPro HERO11 Black（以降HERO11）、GoPro HERO12 Black（以降HERO12）、GoPro HERO13 Black（以降HERO13）の**各部名称**を覚えよう。GoProの操作はとてもシンプル。**複雑な機能の設定を必要としないため、機械に抵抗がある人でもスムーズに操作できる**。優れた機能を安心して使いこなすために、ボタンやライトの位置と役割を知っておくことが大切だ。

1 HERO13の各部名称

前面・上面

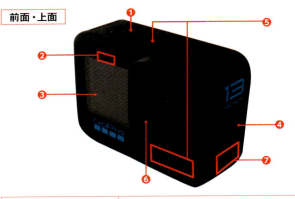

❶ シャッターボタン	撮影を開始・停止するボタン。
❷ ステータスライト	カメラの起動・終了や撮影時に点灯する。
❸ フロントスクリーン	各種情報を表示する液晶画面。
❹ モードボタン	カメラの起動・終了、カメラモードの切り替えに使う。
❺ マイク	動画撮影時の録音に使う。
❻ リムーバブルレンズ	レンズが破損したときなどに、取り外して付け替える。
❼ ドレインマイク	水抜きをするときに使う。

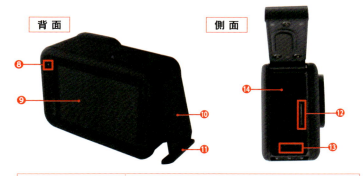

❽	ステータスライト	カメラの起動・終了や撮影時に点灯する。
❾	タッチスクリーン	被写体を映し出したり、タッチ操作で各種設定を行える背面液晶。
❿	バッテリードア	バッテリーとmicroSDカードスロット、USB-Cポートを保護するカバー。
⓫	ドアラッチ	バッテリードアが開かないようにロックする。
⓬	microSDカードスロット	撮影した動画や写真を記録・保存するmicroSDカードを挿入する。
⓭	USB-Cポート	付属のUSB-Cケーブルを接続するときに使う。
⓮	バッテリー	GoProの電源となる蓄電池。

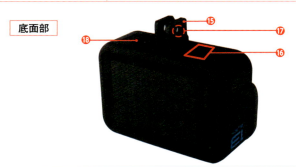

⓯	フォールディングフィンガー	マウントやアクセサリーを取り付けるときに使う。
⓰	スピーカー	動画再生時に音声を発する。
⓱	1/4-20マウント用ねじ穴	三脚マウントなどの1/4-20ねじに対応したアタッチメントに直接取り付けられる。
⓲	マグネット式ラッチマウント接続部	別売りのマグネット式ラッチマウントを取り付けるための接続部。

GoPro HERO11/12/13の基本を知ろう

15

2　HERO11/12の各部名称

前面・上面
※HERO11/12共通

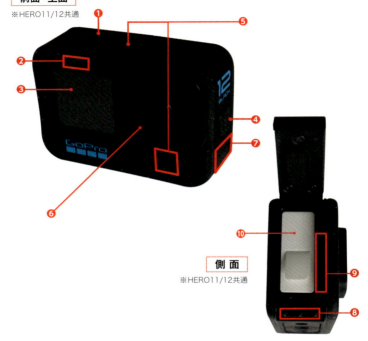

側 面
※HERO11/12共通

❶	シャッターボタン	撮影を開始・停止するボタン。
❷	ステータスライト	カメラの起動・終了や撮影時に点灯する。
❸	フロントスクリーン	各種情報を表示する液晶画面。
❹	モードボタン	カメラの起動・終了、カメラモードの切り替えに使う。
❺	マイク	動画撮影時の録音に使う。
❻	リムーバブルレンズ	レンズが破損したときなどに、取り外して付け替える。
❼	ドレインマイク	水抜きをするときに使う。
❽	USB-C ポート	付属のUSB-C ケーブルを接続するときに使う。
❾	microSD カードスロット	撮影した動画や写真を記録・保存するmicroSD カードを挿入する。
❿	バッテリー	GoPro の電源となる蓄電池。

背 面

※HERO11/12共通

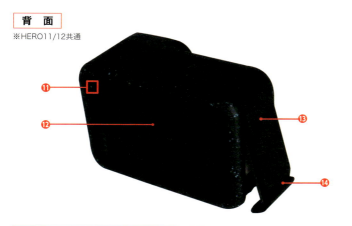

⑪ ステータスライト	⑬ バッテリードア
⑫ タッチスクリーン	⑭ ドアラッチ

底 面

HERO11　　　HERO12

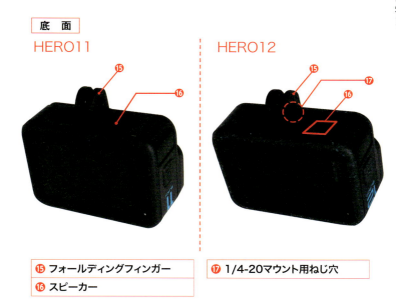

⑮ フォールディングフィンガー	⑰ 1/4-20マウント用ねじ穴
⑯ スピーカー	

Chapter 1 ▶ GoPro HERO 11/12/13の基本を知ろう

Section 02 撮影前にGoProを準備しよう

Keyword　バッテリー充電/microSDカード/電源/初期設定

撮影に向けてGoProの準備をしよう。**microSDカード**や**バッテリーの装填**、**充電**、基本的な**初期設定**など、GoProを購入した直後にすべきことを覚えよう。

1　バッテリーをセットする

本体下部にあるドアラッチのロックを解除し❶、ドアを開く❷。

バッテリーに書かれた「GoPro」の文字が、本体正面に向くようにして挿入する❸。引き抜くときにはバッテリーに付いたテープをつまんで引っ張る。

「カチッ」という音が聞こえるまでロック部分を押し、ドアを閉じる❹。ロック部分の赤いマークが見えないことを確認する。

2 バッテリーを充電する

撮影前にはバッテリーを忘れずに充電しよう。フル充電されるまでには約3時間かかる。充電が完了すると、カメラのステータスライトがオフになる。

本体下部にあるドアラッチのロックを解除し❶、ドアを開く❷。

付属のUSB-CケーブルをUSB-Cポートに接続する❸。充電中はステータスライトが赤に点灯する❹。

3 microSDカードをセットする

撮影した動画や写真を保存するには、microSDカード（別売）が必要。SDカードは定期的に再フォーマット（→P.180）して適切な状態に保とう。

電源がオフになっていることを確認し、microSDカードのラベル側をバッテリー側に向くようにして、カチッと音がするまで音がするまで奥に押し込む❶。

■ 推奨SDカード要項

HERO11

microSD/microSDHC/またはmicroSDXC
規格クラスV30、UHS-3以上
最大容量512GB

HERO12

microSD/microSDHC/またはmicroSDXC
規格クラスV30、UHS-3以上
最大容量1TB

4 電源を入れる

バッテリーとmicroSDカードをセットしたら、電源を入れてみよう。電源のオン・オフにはモードボタンを使う。これはタッチディスプレイを正面にして本体左側面にある。ここではHERO12を使って解説する。

■ 電源オン

モードボタンを1回押す❶。ビープ音が3回鳴り、液晶が表示される。

■ 電源オフ

モードボタンを3秒間長押しする❷。ビープ音が7回鳴り、液晶が消える。

5 初期設定を行う

GoProを購入し、はじめて電源を入れると、初期設定の画面が表示される。使用言語やアプリへの接続などGoProの初期設定を紹介する。

■ 言語

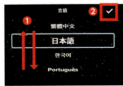

上下にスクロールして使用する言語を選ぶ❶。言語が決まったら、右上のチェックマーク❷をタップする。

■ 法的事項

GoProを使用するには利用規約への同意が必要。gopro.com/legalにある利用規約を確認したら、「同意する」をタップする❶。

■ GPS ※HERO11/13のみ

GPSをオンにすると❶、ビデオや写真の撮影時に位置情報を取得できる。

■ 音声コントロール

音声コントロールの設定をする。オンにすると、声でGoProカメラをコントロールできる(→P.102)。

■ 専用アプリ【Quik】への接続

この画面になったら、アプリでの設定に移る。専用アプリの設定をすることで、設定が完了する。

6 スマートフォンでの操作

GoPro本体の設定の次に、Quikアプリの設定が必要になる。
GoProの電源はオンにしたままで、Quikアプリの設定を行おう。

Quikアプリを起動する。アカウントを作成するとGoProに関する情報をメールで受け取れたり、サブスクリプションに登録することができる。今回は「ゲストとして続行」を選択する。

右下のGoProをタップする。

「GoProを接続」をタップする。既に別のGoProを登録している場合は、右上のアイコンをタップして新機種を接続する。

「GoProが見つかりました。」という画面が出たら、自分の機種であることを確認して「カメラを接続」をタップする。

Bluetoothのペアリングを求められるので、「ペアリング」をタップして、アプリとGoProを接続する。

名前を付けたい場合はここで設定する。

 ▶  ▶

サブスクリプションに登録する画面。今回は登録せず「後で実行する」をタップする。

通知を有効にするか選択する。有効にするとアップデートに関する通知やハイライトビデオの通知などを受け取ることができる。

この画面になったら接続完了。「今すぐ始める」をタップする。

▶

QuikアプリとGoProを接続すると、スマートフォンからもGoProの撮影や設定を行うことができる。

23

Chapter 1 ▶ GoPro HERO 11/12/13の基本を知ろう

Section 03 マウントの取り付け方を知ろう

Keyword　マウント

マウントを使うことで、自転車のハンドルやヘルメット、自身の体など様々な場所にGoProを装着できる。スポーツやアクティビティで自由に動きながらでも、幅広い撮影が可能だ。マウントには豊富なラインナップがあるが、まずは、GoPro購入時に付いてくるベースマウントの取り付け方を覚えよう。

1 HERO11/12/13のマウント用取り付け具

マウント用バックル
HERO11/12/13のフォールディングフィンガーとかみ合せて、マウントに取り付けるパーツ。

粘着性ベースマウント
ヘルメットや車両、およびギアに取り付けるマウント。

サムスクリュー
マウント用バックルとマウントを接続するためのネジ。

2 HERO11/12/13をマウントに取り付ける

HERO11/12/13のフォールディングフィンガーを左右からつまみ、マウント位置まで押し上げる❶。

HERO11/12/13のフォールディングフィンガーとバックルのマウントフィンガーをかみ合わせる❷。

サムスクリューをネジ穴に差し込み❸、時計回りに回し固定する❹。サムスクリューがうまく入らないときは、マウントフィンガーの結合を確認しよう。

マウント用バックルをマウントに取り付ける。マウント用バックルのプラグをはね上げる❺。

カチッと音がして固定されるまでバックルをマウント側にスライドさせる❻。

プラグをバックルと同じ高さにくるまで押し込む❼。

Chapter 1 ▶ GoPro HERO 11/12/13の基本を知ろう

Section 04

GoProの基本操作を知ろう

Keyword　タッチ操作 / シャッターボタン / ディスプレイ / 撮影モード

GoProは**スクリーンへのタッチ操作**や、**シャッターボタン**、**モードボタン**を使って操作をする。GoProに搭載された「**ビデオ**」「**写真**」「**タイムラプス**」の3つの**メイン撮影モード**も、タッチ操作やボタン操作で直感的に切り替えることができる。

1　タッチスクリーンで操作する

GoProは、基本的にタッチスクリーンで操作する。基本動作はタップ、スワイプ、長押しの3種類だ。

■ タップ

アイテムを選択する。また、設定のオン・オフを切り替える。

■ 左右にスワイプ

ビデオ、写真、タイムラプスの3つの撮影を切り替える。

■ 画面の端から下にスワイプ

GoProが横向きになっている場合、ダッシュボードが開く。

■ 画面の端から上にスワイプ

最後に撮影した写真またはビデオを表示し、メディアギャラリーが開く。

■ 撮影画面の長押し

撮影画面を長押しすると、任意の箇所に合わせて露出をコントロールできる（→P.84）。

2 シャッターボタンで操作する

写真の撮影や動画の録画開始・停止にはシャッターボタンを使う。シャッターボタンを押すと撮影が開始される❶。ビデオやタイムラプス、ライブストリーミングを録画中はもう一度押すと停止する。

3 モードボタンで操作する

モードボタンで電源のオン・オフやメイン撮影モードの切り替えができる。また、メイン撮影モードの切り替えは左右のスワイプでも可能。

27

4 HERO11/12/13の画面詳細

HERO11/12/13には、操作が簡単な「イージーコントロール」と、細かい設定ができる「プロコントロール」の2つのモードが用意されている（→P.34）。ここでは、HERO11を例にそれぞれの撮影画面について解説する。

■ 撮影画面

イージーコントロール	プロコントロール

❶ 残りの録画時間/写真の枚数	❷ 撮影モード
❸ バッテリーステータス	
❹ ショートカット（よく使う設定を登録すると、1回タップするだけでその設定画面を開くことができる。）	
❺ 撮影設定（プリセットや撮影に必要な細かい設定をする。）	

■ 画面上のショートカットのカスタマイズ

画面上のショートカットを使用すると、カメラの撮影設定に1回のタップですばやくアクセスできる。各モードには独自の初期設定のショートカットがあり、最もよく使用する設定に変更ができる。プリセットごとにショートカットを設定する方法を紹介する。

撮影設定を開き、調節するプリセットの横にあるアイコン（11ではペンアイコン、12、13ではスライダーアイコン）をタップする❶。

「ショートカット」まで下にスクロールする❷。

新しいショートカットを追加する場所をタップする❸。

右側に表示された使用可能なショートカットをスクロールして、目的のショートカットを選ぶ❹。

■ HERO11/12の設定画面の詳細

撮影画面を上から下にスワイプすると、GoPro本体の設定画面になる。

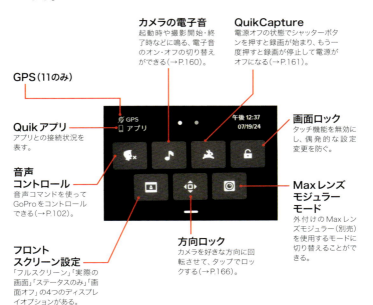

カメラの電子音
起動時や撮影開始・終了時などに鳴る、電子音のオン・オフの切り替えができる（→P.160）。

QuikCapture
電源オフの状態でシャッターボタンを押すと録画が始まり、もう一度押すと録画が停止して電源がオフになる（→P.161）。

GPS（11のみ）

画面ロック
タッチ機能を無効にし、偶発的な設定変更を防ぐ。

Quikアプリ
アプリとの接続状況を表す。

音声コントロール
音声コマンドを使ってGoProをコントロールできる（→P.102）。

Maxレンズモジュラーモード
外付けのMaxレンズモジュラー（別売）を使用するモードに切り替えることができる。

フロントスクリーン設定
「フルスクリーン」「実際の画面」「ステータスのみ」「画面オフ」の4つのディスプレイオプションがある。

方向ロック
カメラを好きな方向に回転させて、タップでロックする（→P.166）。

■ HERO13の設定画面の詳細

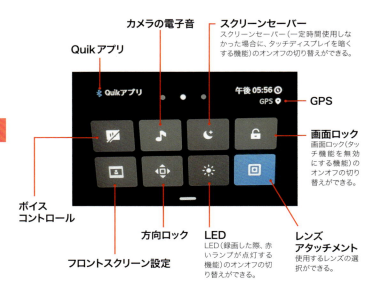

- **Quikアプリ**
- **カメラの電子音**
- **スクリーンセーバー**
  スクリーンセーバー（一定時間使用しなかった場合に、タッチディスプレイを暗くする機能）のオンオフの切り替えができる。
- **GPS**
- **画面ロック**
  画面ロック（タッチ機能を無効にする機能）のオンオフの切り替えができる。
- **ボイスコントロール**
- **フロントスクリーン設定**
- **方向ロック**
- **LED**
  LED（録画した際、赤いランプが点灯する機能）のオンオフの切り替えができる。
- **レンズアタッチメント**
  使用するレンズの選択ができる。

5 ステーススクリーンの画面詳細

HERO11/12/13にはステーススクリーンがあり、撮影モードやビデオ再生時間などが表示される。撮影中にどのモードでどのくらい撮影したのかを瞬時に確認することができる。

❶ 撮影したファイル数/ビデオ再生時間
❷ バッテリーステータス
❸ 現在のモード
❹ 撮影設定

6 ボタンでナビゲートする

GoProは防水だが、**水中ではタッチスクリーンが機能しない**。そのため、ボタンとフロントスクリーンを使用して、モードと設定を変更する。

■ 操作方法

カメラの電源を入れた状態でモードボタンを長押しし❶、そのままシャッターボタンを押す❷。フロントスクリーンにメニューが表示される❸。

モードボタンを押して、項目を選ぶ❹。

シャッターボタンを押して、設定の選択をする❺。

■ HERO11の場合

■ HERO12の場合

■ HERO13の場合

ステータススクリーンで確認しながら、あらかじめ設定してあるプリセットを選択できる。

Column

各マウントの活用ポイント

マウントには様々な種類があり、GoProの撮影領域を格段に広げてくれる。ここでは、その中でも比較的使いやすい3種類を紹介する。

■ ベースマウント

強力な粘着シールは防水仕様。あらゆる場所に接着可能。ドライブレコーダーのように車内に取り付けて定点カメラにすることも、バイクのヘルメットに取り付けることも可能。

■ ミニ延長ポール+三脚

ポケットに収まるサイズの三脚マウント。野外アクティビティや旅行に最適で、集合写真や自撮り、難しいアングルの撮影が可能。平面ならどこにでも設置することができ、汎用性が高いのが特徴。

■ ネックマウント

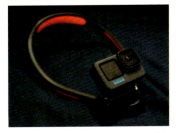

首からぶら下げて使うマウント。両手を離して、一人称視点で撮影することができる。ボタン式ロックでワンタッチ開閉が可能。しっかり固定され、長時間の使用でも疲れないのが特徴。スポーツや買い物など様々なシーンで活用できる。

Chapter 2
GoProで撮影しよう

- Section 01 HERO11/12/13で撮影しよう
- Section 02 HERO11/12/13のプリセットを設定しよう
- Section 03 撮影したメディアを確認しよう
- Section 04 撮影した動画や写真を消去しよう
- Section 05 Quikアプリを活用しよう
- Section 06 パソコンにGoProのデータを移そう

Chapter 2 ▶ GoProで撮影しよう

Section 01

HERO11/12/13で撮影しよう

Keyword　イージーコントロール/プロコントロール

HERO11/12/13では、操作が簡単な「イージーコントロール」と、細かい設定ができる「プロコントロール」の2つのモードが用意されている。「イージーコントロール」は、使用頻度の高い設定だけが用意されているため、初心者の方でも手軽に撮影を行える。「プロコントロール」では、様々なプリセットを登録したり、細かい撮影設定を行うことができるため、撮影の自由度が増す。自分のスタイルに合わせてモードを選ぼう。

1 設定手順

設定画面を表示し、右にスクロールする。画面左下をタップする❶。

イージーコントロールかプロコントロールかを選択する❷。初期設定ではイージーコントロールに設定されている。

■ イージーコントロール

変更できる項目はプロコントロールに比べて少ない。汎用性の高い項目だけを選択できるため、初心者でも簡単に操作できる。

■ **プロコントロール**

イージーコントロールよりも変更できる項目が多い。様々なプリセットを使用したり、Protuneなどの細かい設定ができる。

2　HERO11/12/13の撮影手順

ここではHERO11/12/13のビデオ撮影、写真撮影方法について解説する。

撮影画面を右または左にスワイプして、メイン撮影モードを選ぶ。ここでは「ビデオ」を選択する❶。

選択したメイン撮影モードが表示される。撮影画面から撮影設定をタップする❷。

プリセットが表示される。上下にスクロールして使用するプリセットを選び、タップする❸（写真はHERO11のプロコントロールのプリセット画面）。

撮影画面に戻ったら、シャッターボタンを押して撮影を開始する。メイン撮影モードが「ビデオ」の場合、撮影画面の上部に録画時間がカウントされる❹。

3 HERO11で動画を撮影する

GoProの動画撮影について、イージーコントロールモードとプロコントロールモードに分けて解説する。

イージーコントロール

イージーコントロールモードでは汎用的なプリセットが設定されており、シンプルな操作で撮影できるようになっている。ショートカットから「スローモーション」と「レンズ」を変更できる。

プロコントロール

下部の中央をタップするとビデオプリセットを変更することができる。撮影シーンによって使い分けよう。

標準 (初期設定)	あらゆる用途の録画に適している汎用性の高いプリセット。5.3Kビデオ(省電力モードでは1080p)、30フレーム/秒(fps)で撮影される。レンズは広角が設定されている。
フルフレーム (最高品質モードのみ)	5.3Kで広角レンズ、アスペクト比8:7、30fpsで撮影され、臨場感あふれるビデオが撮影できる。
アクティビティ	アクティビティの撮影に適したプリセット。レンズはSuper View(スーパービュー)、4Kビデオ(省電力モードの場合は2.7K)を60fpsで録画する。
シネマティック	5.3K高解像度ビデオ(省電力モードの場合は4K)が30fpsで撮影される。レンズはリニア(最高品質モードでは水平ロックも追加)を使用することで魚眼効果を無効にし、映画のような映像が撮れる。
ウルトラ スローモーション	速い動きを追うショットに最適。広角レンズで2.7Kの映像が240fps(省電力モードの場合は1080p、240fps)で撮影される。再生時に通常の1/8まで減速し、肉眼では見ることのできないディテールを捉えることが可能になる。

4 HERO12/13で動画を撮影する

イージーコントロール

下部の中央をタップするとビデオ設定を変更できる。HERO12では3つの設定から、HERO13では2つの設定から選択できる。

<HERO12>

最高品質	5.3Kで最高品質のビデオが撮影できる。
標準品質	4Kで撮影される。スマートフォンでの再生に最適。
基本品質	1080pHDで撮影され、バッテリーの駆動時間を最大限に伸ばすことができる。

<HERO13>

HDR	明るい部分や暗い部分のディティールをはっきりと撮影できる。明るい環境での使用に最適。
標準	最大5.3Kの解像度でビデオを撮影できる。

プロコントロール

下部の中央をタップするとビデオ設定を変更できる。HERO12では1つのプリセット、HERO13では2つのプリセットがあらかじめ用意されている。このプリセットを変更することも可能だが、一から新しくプリセットを作成することもできる。

<HERO12>

<HERO13>

5 HERO11で写真を撮影する

GoProの写真撮影について、イージーコントロールモードとプロコントロールモードに分けて解説する。

イージーコントロール

汎用的なプリセットが設定されており、シンプルな操作で撮影できるようになっている。変更できる項目は「タイマー」と「レンズ」「ナイトフォト」の3項目。ショートカットから変更できる。

プロコントロール

下部の中央をタップすると写真プリセットを変更することができる。撮影シーンによって使い分けよう。

写真 （初期設定）	SuperPhoto（スーパーフォト）画像処理により写真を撮影するプリセット。シーンを自動で分析し、最適な画像処理が適用される。シャッターボタンを1度押すと、1枚写真が撮影される。
バースト （連写）	高速のレートで一連の写真を撮影するプリセット。速い動きを撮影するのに適している。照明条件に基づき、1秒間に最大30枚の写真を自動的に撮影する。
ナイトフォト	多くの光量が取り込まれるように、カメラのシャッター速度が自動的に調整されるプリセット。暗い環境での撮影に適している。

6 HERO12/13で写真を撮影する

イージーコントロール

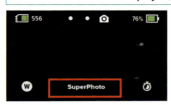

下部の中央をタップすると写真モードを変更できる。HERO12では2つの設定から、HERO13ではバーストを加えた3つの設定から選択できる。

＜HERO12＞

Super Photo	シーンを自動で分析し、最適な画像処理が適用される。27MP、アスペクト比は8:7で撮影される。
ナイトフォト	多くの光量が取り込まれるように、カメラのシャッター速度が自動的に調整される。暗い環境での撮影に適している。

＜HERO13＞

Super Photo	シーンを自動で分析し、最適な画像処理が適用される。27MP、アスペクト比は8:7で撮影される。
バースト (連写)	高速のレートで一連の写真を撮影するプリセット。速い動きを撮影するのに適している。照明条件に基づき、1秒間に最大30枚の写真を自動的に撮影する。

プロコントロール

下部の中央をタップすると写真プリセットを変更することができる。

写真 (初期設定)	SuperPhoto（スーパーフォト）画像処理により写真を撮影するプリセット。シーンを自動で分析し、最適な画像処理が適用される。シャッターボタンを1度押すと、1枚写真が撮影される。
バースト (連写)	高速のレートで一連の写真を撮影するプリセット。速い動きを撮影するのに適している。照明条件に基づき、1秒間に最大30枚の写真を自動的に撮影する。
ナイトフォト	多くの光量が取り込まれるように、カメラのシャッター速度が自動的に調整されるプリセット。暗い環境での撮影に適している。

7 HERO11でタイムラプスを撮影する

タイムラプスとは、一定の間隔で写真を撮影し、早送り動画のような高速ビデオを作成できる撮影方法のこと。イージーコントロールモードとプロコントロールモードに分けて解説する。

イージーコントロール

ショートカットから「レンズ」と「スピードランプ」を変更できる。

プロコントロール

下部の中央をタップするとタイムラプスプリセットを変更することができる。撮影シーンによって使い分けよう。

TimeWarp (初期設定)	撮影者が動いても、TimeWarp ビデオブレ補正機能を使用して滑らかなタイムラプスビデオを素早く撮影できる。4Kビデオを広角レンズで捉え、撮影速度を自動調節する。
スタートレイル	カメラを夜空に向けて固定して撮影すると、地球の自転に伴い、星々が光の軌跡を描く。軌跡の長さは「最大」「長」「短」から選べる。
ライト **ペインティング**	長時間の露出を使用することにより、懐中電灯などの動く光によるブラシストロークのエフェクトを創出できる。
ライトトレイル	カメラを安定させ、夜間の車のヘッドライトが作り出す光跡を撮影できる。軌跡の長さは、「ショート」「ロング」「最長」から選べる。
タイムラプス	固定されて静止しているカメラからタイムラプスビデオを撮影するのに適したプリセット。街の風景や夕焼けなど、長時間の撮影に最適。
ナイトラプス	光量の少ない暗い場所でタイムラプスビデオを撮影するためのプリセット。光量を多く取り込めるようシャッター速度を自動で調節し、より良い間隔を選んでくれる。

8 HERO12/13でタイムラプスを撮影する

イージーコントロール

 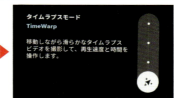

ショートカットから「レンズ」と「フレーミング」を変更できる。また、下部の中央をタップするとタイムラプス設定を変更することができる。

TimeWarp （初期設定）	撮影者が動いても、TimeWarp ビデオブレ補正機能を使用して滑らかなタイムラプスビデオを素早く撮影できる。4Kビデオを広角レンズで捉え、撮影速度を自動調節する。
スタートレイル	カメラを夜空に向けて固定して撮影すると、地球の自転に伴い、星々が光の軌跡を描く。軌跡の長さは「最大」「長」「短」から選べる。
ライト ペインティング	長時間の露出を使用することにより、懐中電灯などの動く光によるブラシストロークのエフェクトを創出できる。
ライトトレイル	カメラを安定させ、夜間の車のヘッドライトが作り出す光跡を撮影できる。軌跡の長さは、「ショート」「ロング」「最長」から選べる。

プロコントロール

下部の中央をタップするとタイムラプスプリセットを変更することができる。イージーコントロールモードにあった4つのプリセットに加え、「タイムラプス」「ナイトラプス」が用意されている。

タイム ラプス	固定されて静止しているカメラからタイムラプスビデオを撮影するのに適したプリセット。街の風景や夕焼けなど、長時間の撮影に最適。
ナイト ラプス	光量の少ない暗い場所でタイムラプスビデオを撮影するためのプリセット。光量を多く取り込めるようシャッター速度を自動で調節し、より良い間隔を選んでくれる。

Chapter 2 ▶ GoProで撮影しよう

Section 02

HERO11/12/13の プリセットを設定しよう

Keyword　プリセットのカスタマイズ/作成/消去

HERO11/12/13では、シーンにあわせて**独自にプリセットをカスタマイズ**することができる。

1　プリセットをカスタマイズする

＜HERO11の場合＞

プリセットの横にあるペンアイコンをタップする❶。

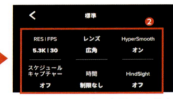

プリセットメニューから変更したい設定をタップする❷。

設定を変更する❸。

❮をタップして変更を保存し、プリセット画面に戻る。

＜HERO12/13の場合＞

プリセットの横にあるアイコンをタップする❶。

変更したい設定の項目をタップする❷。

2 プリセットを元の設定に戻す

カスタマイズしたプリセットは、いつでも元の設定に戻すことができる。

＜HERO11の場合＞

プリセット画面の右上に表示された⇔をタップする❶。

○をタップする❷。

「元に戻す」をタップすると、プリセットが元の設定に戻る❸。

＜HERO12/13の場合＞

プリセットメニューの一番下までスクロールし、「元に戻す」をタップする。

ONE POINT 撮影画面から直接プリセットの設定画面へ

撮影画面で撮影設定を長押しすると、現在選択しているプリセットの設定メニューに直接スキップできる。

3 独自のプリセットを作成する

HERO11/12/13では、独自のプリセットを作成することで、シーンに合った設定にすぐにアクセスできる。例えば、ゲレンデでの1日を撮影するのに最適な設定は、屋内での撮影にはあまり適していない場合がある。カスタムプリセットを使用すると、両方の設定を保存しておくことができるため、すぐに切り替えることができる。HERO11を例に解説する。

撮影設定をタップして、プリセットリストを表示。右上の⇕をタップする❶。

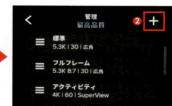

右上の＋をタップする❷。

プリセットモードを選択し、✓をタップする❸。

各種設定をタップして変更し、✓をタップする❹。

プリセットのアイコンと名前を選び、✓をタップする❺。

作成したプリセットがリストに追加される❻。

4 プリセットを消去する

作成したプリセットは使わなくなったら消去して整理しよう。ただし、事前に用意されているプリセットは消去できない。

＜HERO11の場合＞

プリセット画面の右上に表示された、⇔をタップする❶。

×をタップする❷。

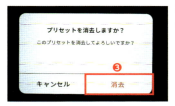

「消去」をタップする❸と、プリセットが消去される。

＜HERO12/13の場合＞

プリセットメニューの一番下までスクロールし、「消去」をタップする。

ONE POINT　カスタムプリセット作成時に使用可能なモード

ビデオにはカスタムプリセット作成時に設定できる「モード」が2つある。最大5.3Kの解像度でハイクオリティの動画が撮影できる「ビデオ」、欲しい瞬間が撮れるまで連続録画する「ループ」。初期プリセットにないループをよく使用する場合はプリセットとして作っておくと便利。

Chapter 2 ▶ GoProで撮影しよう

Section 03 撮影したメディアを確認しよう

Keyword　再生・停止/ギャラリービュー/スライダー

動画や写真を撮影したら、**再生して確認**しよう。撮影モードによって再生方法がいくつもあるので、状況に応じて使い分けよう。ここではHERO12の画面で解説する。

1 再生画面を表示する

撮影したメディアは、**タッチディスプレイ**ですぐに確認できる。その他にもアプリを使ってスマートフォン（→P.53）でも確認ができる。

タッチディスプレイを下から上にスワイプする❶。

最後に撮影したメディアが表示される。動画や連続写真の場合は、自動的に映像が再生される。中央のアイコンをタップすると一時停止できる❷。

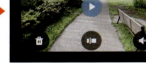

左右にスワイプすると、他のメディアに切り替わる❸。

2 ギャラリービューを使用する

撮影したメディアを複数表示したいときには、**ギャラリービュー**を使用しよう。保存されているすべてのメディアにすばやくアクセスできる。

再生画面の左上にある ▦ をタップする❶。

複数のメディアが表示される。上下にスワイプしてメディアをスクロールする❷。

メディアをタップすると、フルスクリーン表示に切り替わる❸。

■ ギャラリービューの表示

各メディアの左下には連続写真であれば写真の枚数❶、動画であれば録画時間が表示される❷。

再生画面に戻るには左上のアイコンをタップする❸。

3　動画を再生する

動画は再生画面に表示されると、自動的に再生がスタートする。また、自分で再生・停止を操作することもできる。

⏸をタップすると再生が一時停止する❶。

▶をタップすると再生が再開する❷。

■ 音量を調整する

再生画面の右下にある🔊をタップすると音量を調節できる。音量は強・弱・無音の3段階で調節でき、タップするごとに切り替わる。

■ スライダーを使う

ビデオ・連写・タイムラプスフォトの再生画面には、●が表示される。スライダーを使うことで自分が見たいカットにコントロールバーで移動できる。欲しいカットが見つかったらHiLightタグ（→P.88）でマークを付けておくと後から探すときに便利。

4 写真を再生する

写真を再生画面で表示中に、タッチディスプレイを2回タップすると拡大表示される。拡大表示中は上下左右にスワイプすることで拡大位置を操作できる。

■ 連写の再生画面と操作

連写した写真を再生すると、動画と同じように ❚❚ と ▶ が表示され、一枚ずつのカットを再生・停止が操作できる。

停止中は再生画面の左右に ◀ ▶ が表示され、タップで前後の写真に移動できる。

ONE POINT 撮影情報を確認する

メディア確認画面の右上のiマークをタップすると、撮影日などの情報を確認できる。

Chapter 2 ▶ GoProで撮影しよう

Section 04

撮影した動画や写真を消去しよう

Keyword　削除/複数選択

削除には、**1つずつ消去する方法**と、**複数選択で同時に消去する方法**の2つがある。SDカードの容量には限りがあるので、不要なメディアは消去しよう。

1　1つのメディアを消去する

メディアの消去は再生画面から行う。SDカードに保存されているメディアの数が多いほど読み込みに時間がかかるため、定期的に消去をしておこう。

再生画面に表示されるゴミ箱アイコンをタップする❶。

確認画面が表示されるので、「消去」❷をタップする。これで消去が完了。

2　メディアの一部だけを消去する

連写やタイムラプスフォトで撮影した写真は、すべてを消去するか、一部だけを消去するか、選ぶことができる。

ゴミ箱アイコンをタップすると、確認画面が表示される。連写したすべての写真を消去する場合は「すべての連写」❶、再生画面に表示されている写真だけを消去する場合は「この写真のみ」❷をタップする。

3 複数のメディアを消去する

消去したいメディアが多いときは、ギャラリービューを使って消去しよう。複数のメディアを同時に選んで消去できる。

左上のアイコンをタップする❶。ギャラリービューでメディアが表示される。

右上のアイコンをタップする❷。

消去したいメディアをタップする。選択済みのメディアにはチェックマーク❸が表示される。選び終わったらゴミ箱アイコンをタップする❹。

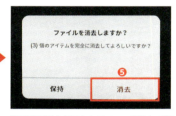

確認画面が表示されるので、「消去」❺をタップする。

■ すべてのメディアを選択する

ギャラリービューを表示し、右上のアイコンを2回タップすると、SDカードに記録されたすべてのメディアが選択される。一気にすべてのメディアを消去したいときに便利だ。

Chapter 2 ▶ GoProで撮影しよう

Section 05

Quikアプリを活用しよう

Keyword　Quik/リモート撮影/設定

スマートフォンとGoProを接続することで、「リモート撮影」をすることができる。シャッターはもちろん、**カメラモードや解像度、フレームレートや視野角など細かいカメラ設定**もスマートフォンから変更できる。なお、Wi-Fiを使用した撮影はバッテリー消費が激しいため、撮影前にバッテリー残量が十分にあることを確認しておこう。

1 スマートフォンで見るプレビュー画面

Wi-Fiステータス
Wi-Fiの電波強度が表示される。

バッテリー残量
バッテリーの残量が表示される。

電源ボタン
電源のオン/オフが切り替えられる。

カウンター
動画撮影時には残りの記録可能時間、写真撮影時には残りの記録可能枚数が表示される。

カメラのユーザー設定
ユーザー設定を変更できる。

位置情報
位置情報のオン/オフが表示される。
（※HERO12にはなし）

ズーム（プロコントロールのみ）
スライダーを使ってズームイン/ズームアウトができる。

シャッターボタン
撮影の開始/停止ができる。

ライブの設定
YouTubeやFacebookなどに直接ストリーミングができる。（モバイルデバイスからYouTubeにライブストリーミングするには、チャンネル登録者数50人以上が必要になる。）

メイン撮影モード
左右にスワイプして、メイン撮影モードを切り替える。

再生
撮影したメディアをサムネイル表示する。

プリセット/カメラ設定
プリセットの切り替えと、カメラ設定を変更できる。

2 再生画面

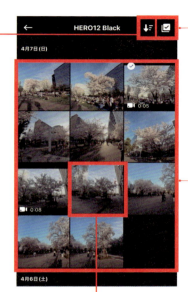

アイテムの選択
サムネイルの動画や写真を複数選択できる。選択したファイルはスマートフォンへのコピーや削除ができる。

サムネイル
撮影したメディアのサムネイル一覧。タップすると動画を再生したり、写真が表示される。

アイテム表示設定
メディアを「すべて」「写真」「ビデオ」「HiLight」に分けてフィルターを設定できる。また、「撮影日」または「ファイルサイズ」で並べ替えできる。

53

3 カメラのユーザー設定

スマートフォンからのリモート操作では、撮影だけでなくユーザー設定やカメラ設定ができる。ここではHERO12を例に、各種設定項目を紹介する。

Quikアプリを開き、歯車マークをタップすると、カメラのユーザー設定画面が表示される。

■ セットアップ

❶	コントロール	イージーコントロールまたはプロコントロールに設定できる。
❷	ビットレート	ビデオを録画する際の1秒間に使用されるデータ量を設定できる。
❸	ビット深度	ビット深度を設定できる。ビット深度が高いほど柔軟性や色深度が向上するが、その分容量が重たくなる。
❹	Maxレンズモジュラー	別売りのMaxレンズモジュラーを使用する際にこちらで設定できる。
❺	アンチフリッカー	撮影場所に応じて周波数を合わせることで、フリッカー(ちらつき)を抑えやすくなる。
❻	Quik Capture	オンにすると、シャッターボタンを押すだけで電源が入り、撮影が開始される。もう一度シャッターボタンを押すと録画が停止され、カメラの電源もオフになる。
❼	言語	GoProに表示する言語を設定できる。
❽	自動オフ	設定した時間GoProを使用していないと、電源が自動的にオフになる。
❾	初期設定のプリセット	モードボタンを使って電源を入れた際に読み込まれるプリセットを設定する。この設定は、QuikCaptureには影響しない。
❿	電子音	電子音を「高」「中」「低」「ミュート」から設定できる。
⓫	LED	ステータスライトの設定ができる。

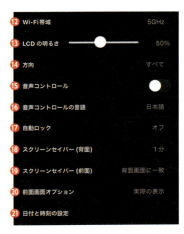

⑫	**Wi-Fi帯域**	Wi-Fiの接続速度を選択できる。
⑬	**LCDの明るさ**	ディスプレイの明るさを設定できる。
⑭	**方向**	画面方向のロックができる。
⑮	**音声コントロール**	オンにすると、音声コマンドを使用して撮影などができる。
⑯	**音声コントロールの言語**	「音声コントロール」で使用する言語を設定できる。
⑰	**自動ロック**	誤操作を防ぐためにタッチディスプレイをロックできる。
⑱	**スクリーンセイバー（背面）**	背面のタッチディスプレイの表示が消えるまでの時間を設定できる。
⑲	**スクリーンセイバー（前面）**	前面のタッチディスプレイの表示が消えるまでの時間を設定できる。
⑳	**前面画面オプション**	フロントスクリーンの表示内容を選択できる。
㉑	**日付と時刻の設定**	日付と時刻を使用しているデバイスに合わせて更新する。

■ 消去

❶	**最後のファイルを消去**	直近で撮影したデータを削除できる。
❷	**SDカードからすべてのファイルを消去**	microSDカードに記録されている全てのデータを削除できる。
❸	**バージョン**	接続しているGoProのバージョンが表示される。
❹	**カメラを見つける**	オンにするとGoProの電子音が鳴り、居場所を知らせてくれる。
❺	**バッテリーレベル**	バッテリーの残量を確認できる。
❻	**SDカード容量**	SDカードに記録されているメディアの数と、残りの記録可能容量を確認できる。

4 カメラ設定

■ ビデオ

下部中央の撮影設定からカメラ設定を行える。

イージーコントロール

ビデオ品質やフレーム、速度といった、使用頻度の高い項目のみが表示されている。

プロコントロール

解像度やフレームレートなど、細かな設定を行うことができる。

下にスクロールすると、Protuneやショートカットの設定も行うことができる。

■ 写真

イージーコントロール	プロコントロール

レンズやナイトフォトといった、使用頻度の高い項目のみが表示されている。	出力や間隔など、細かな設定を行うことができる。ビデオ同様、下にスクロールすると、Protuneやショートカットの設定も行うことができる。

■ タイムラプス

イージーコントロール	プロコントロール

レンズなどの使用頻度の高い項目のみが表示されている。	解像度や時間など、細かな設定を行うことができる。ビデオ同様、下にスクロールすると、Protuneやショートカットの設定も行うことができる。

Chapter 2 ▶ GoProで撮影しよう

Section 06

パソコンに GoProのデータを移そう

Keyword　データ/PC

撮影した写真や動画をパソコンに取り込んで管理しよう。GoProからパソコンへデータを移せば、一覧で閲覧したり、より細かい編集などができるようになる。データを移すには、パソコンのカードリーダーにSDカードを挿入するか、GoProに対応したUSBケーブルを使って行う。

1　SDカードからパソコンへ

GoPro本体で撮影したデータはSDカードに保存されている。基本的には、GoProから取り出したSDカードを、そのままパソコンのカードリーダーに差し込めばよい。

GoProの電源がOFFの状態で本体横のバッテリードアを外し、SDカードを取り出す。

SDカードをパソコンに差し込むと自動で認識される。「ファイル」アプリ（Macの場合は「Finder」）からデータにアクセスしよう。

2　本体とパソコンをつなぐ

GoProに対応したUSBケーブル（タイプC）を使って、直接本体からパソコンにデータを移せる。

GoProの電源がONの状態で、本体とパソコンをUSBケーブルでつなぐ。

接続が完了すると、本体前面のLCDスクリーンにUSBシンボルが表示される。

「ファイル」に「HERO11/12 Black」が表示される。

フォルダ「HERO11/12 Black」へと進み、転送するデータを選ぶ。

■ Macの場合

Macのアプリケーション「イメージキャプチャ」を開くと、ファイルが表示される。

インポート先とインポートするファイルを選択し、「読み込む」をクリックする。「すべてを読み込む」をクリックし、すべてのファイルをダウンロードすることもできる。

Column

GoProのエントリーモデル「HERO」

HERO13と同時期に発売された「HERO」は、86gの軽量さとシンプルな操作が特徴の初心者向けモデル。4K撮影、水深5m防水など、コンパクトながらもGoProの魅力が詰まった1台となっている。

❶ シャッターボタン	❽ ステータスライト
❷ ステータスライト	❾ タッチスクリーン
❸ ドア	❿ 電源/モードボタン
❹ (ドアの内側)microSDカードスロット,USB-Cポート	⓫ フォールディングフィンガー
❺ ドアラッチ	
❻ リムーバブルレンズ	
❼ マイク	

HEROシリーズと比較すると、フロントスクリーンがない点、バッテリーが内蔵型である点が大きな違いといえる。

撮影機能は「ビデオ(4K/30fps or 1080p/30fps)」「スローモーション(2.7K/60fps)」「写真」の3種類。HEROシリーズのように、レンズや解像度などの細かい設定を変更することはできない。

HEROシリーズ同様に、Quikアプリでの編集が可能。また、Quikアプリを使用することで、撮影した映像へ「HyperSmooth」機能が自動的に適用される。

Chapter 3 GoProの便利な機能を設定しよう

Section 01 動画の品質を設定しよう「解像度」
Section 02 動画のなめらかさを調整しよう「フレームレート」
Section 03 動画の視野角を変更しよう「レンズ」
Section 04 ズーミングして遠近を調整しよう「タッチズーム」
Section 05 手ブレを補正しよう「HYPERSMOOTH」
Section 06 撮影時の設定を手動で調整しよう「Protune」
Section 07 動画の色合いを変更しよう「ホワイトバランス」
Section 08 動画の色調を変更しよう「カラー」
Section 09 暗い場所で撮影しよう「ISO感度」
Section 10 動画の鮮明さを調整しよう「シャープネス」
Section 11 動画の明るさを調整しよう「EV値」
Section 12 測光範囲を変更しよう「露出コントロール」
Section 13 お気に入りの場面に目印をつけよう「HiLightタグ」
Section 14 長時間の連続撮影をしよう「ループ」
Section 15 自動で撮影しよう「スケジュールキャプチャー」
Section 16 セルフィーや集合写真を撮影しよう「写真タイマー」
Section 17 シャッター速度を変更しよう「シャッター速度」
Section 18 画像処理で写真の品質をあげよう「出力」
Section 19 音をきれいにとろう「ウィンド低減」
Section 20 音声でGoProを操作しよう「音声コントロール」
Section 21 連続写真を撮影しよう「バースト」
Section 22 暗い場所で写真を撮影しよう「ナイトフォト」
Section 23 なめらかなタイムラプスビデオを撮影しよう「TimeWarp」
Section 24 パラパラマンガのような画を撮ろう「タイムラプス」
Section 25 夜間のタイムラプスを撮影しよう「ナイトラプス」
Section 26 大切なシーンを逃さず撮ろう「ハインドサイト」
Section 27 常に水平を維持して撮影しよう「水平ロック」

Chapter 3 ▶ GoProの便利な機能を設定しよう

Section 01 動画の品質を設定しよう「解像度」

Keyword 解像度

ここでいう**解像度**とは、画像を構成する画素（ピクセル）数を表しており、解像度が高いほど鮮明な動画になる。HERO11/HERO12/HERO13ともに、**5.3K**まで対応している。撮影する時間や被写体に応じて使い分けよう。

1 解像度はシーンで使い分ける

解像度が高くなれば、フレームレート（→P.64）が制限されるのも大きな特徴。フレームレートが低くなると動画のなめらかさが損なわれるため、動きの激しい被写体や、スローモーションビデオの撮影には不向き。逆に遠くのものを美しく映すことができるため、背景までこだわりたい風景動画などに使用しよう。

■ 1080

拡大すると粗が目立つが、SNSなどにアップする場合などには十分な画質。フレームレートが高めに設定できるので、動きの激しい映像にもおすすめ。

■ 4K

背景までくっきりと収められ、奥行きのある空間を撮影するのに向いている。ただし、容量が大きく、フレームレートも低くなるのでシーンを選んで使おう。

2 操作手順

■ HERO11の場合

イージーコントロール

設定画面のビデオモードをタップする❶。

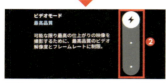

「最高品質」(5.3K)「省電力」(4K)「最長バッテリー」(1080p)から選択する❷。

プロコントロール

プリセットのペンアイコンをタップする❶。

RES/FPSをタップする❷。

任意の解像度を選択する❸。

■ HERO12/13の場合

イージーコントロール

HERO12の撮影画面。撮影設定をタップする❶。

HERO13の撮影画面。右下のショートカットをタップする❶。

「最高品質(5.3K)」「標準品質(4K)」「基本品質(1080p HD)」から選択する❷。

プロコントロール

プリセットの設定アイコンをタップする❶。

解像度の項目までスクロールし、任意の解像度を選択する❷。

Chapter 3 ▶ GoProの便利な機能を設定しよう

Section 02

動画のなめらかさを調整しよう「フレームレート」

Keyword　フレームレート

フレームレート（fps）とは1秒間に撮影するフレーム数（コマ数）を表しており、フレームレートが高いほど、同じ長さの動画でもコマ数が増えるため、動きがなめらかになる。

1 フレームレートで動きをなめらかにする

なめらかな動画だと認識できるフレームレートの基準値は30fps。これより大きなフレームレートは特に大きな画面での再生や、編集して映像作品をつくるときに使おう。例えば、モータースポーツやスキーなどの映像を編集し、スローモーション映像を作成したい場合などがあげられる。

30fps

フレームレートが30fpsのときは、単純に60fpsの半分のコマ数になる。

1秒

60fps

30fpsの倍のコマ数になるので動きがなめらかになる。

2 操作手順

HERO11/12/13ともプロコントロールモードから設定できる。

■ HERO11の場合

フレームレートを変更したいプリセットの
ペンアイコンをタップする❶。

▼

RES/FPSをタップする❷。

▼

任意のフレームレートを選択する❸。

■ HERO12/13の場合

撮影設定をタップし、使用するプリセット
の設定アイコンをタップする❶。

▼

フレームレートの項目までスクロールし、
任意の解像度を選択する❷。

Chapter 3 ▶ GoProの便利な機能を設定しよう

Section 03

動画の視野角を変更しよう「レンズ」

Keyword　視野角/FOV/レンズ

視野角とは、レンズによって撮影で捉えられるシーンの広さを表しており、視野角が大きいと広範囲の画像や動画を撮影でき、遠近感が強調される。撮影状況や被写体に応じて上手に使い分けよう。

1　視野角を選んで撮影する

「リニア＋水平ロック」「リニア」「ワイド（HERO11では広角と記載）」「Super View」「Hyper View」の5つの視野角がある。「リニア＋水平ロック」と「リニア」は魚眼効果がない。

Hyper View

縦幅、横幅がもっとも広い視野角で、16:9ビデオとして表示される

Super View

臨場感ある広い視野角。

ワイド（広角）

汎用性の良い視野角で、自撮りや集合写真など、様々な場面に対応可能。

リニア

魚眼効果のない視野角。

リニア＋水平ロック

魚眼効果のない視野角で、録画中にカメラを回転させても水平な映像を保つことが可能。

※解像度とフレームレートによって、選択できるレンズが異なる。

2 操作手順

■ HERO11の場合

イージーコントロール

左下のショートカットをタップする❶。

任意のレンズを選択する❷。

プロコントロール

プリセットのペンアイコンをタップする❶。

レンズをタップする❷。

任意のレンズを選択する❸。

■ HERO12/13の場合

イージーコントロール

左下のショートカットをタップする❶。

任意のレンズを選択する❷。

プロコントロール

プリセットの設定アイコンをタップする❶。

レンズ（HERO13では「デジタルレンズ」）の項目までスクロールし、任意のレンズを選択する❷。

Chapter 3 ▶ GoProの便利な機能を設定しよう

Section 04 ズーミングして遠近を調整しよう「タッチズーム」

Keyword　タッチズーム

タッチズームは、遠くにある被写体もズーミングして大きく映せるのが特徴。ズームすると視野が狭くなり、画面周辺の歪みがなくなる。アクションのクローズアップ撮影などに役立てよう。

1　タッチズームで遠近を調整する

タッチズームが適用されるのは、レンズが「広角」、「リニア」、「リニア＋水平ロック」の時。解像度が1080pでは2倍まで、1080pよりも高い解像度の場合、1.4倍までズームできる。

■ ズーム前（広角側）

ズーム前は広範囲を撮影できており、画面周辺は少し歪んでいる。

■ ズーム後（望遠側）

ズーム後は被写体が拡大され視野が狭くなる。画面周辺の歪みはない。

2 操作手順

HERO11/12/13ともプロコントロールモードから設定できる。

■ HERO11の場合

プリセットのペンアイコンをタップする❶。

「ズーム」をタップする❷。

右端のスライダーを上下にスワイプして、ズームを調整する❸。

■ HERO12/13の場合

プリセットの設定アイコンをタップする❶。

「ズーム」をタップする❷。

右端のスライダーを上下にスワイプして、ズームを調整する❸。

アプリの場合、プレビュー画面右端のスライダーを上下にスワイプして、ズームを調整する。

Chapter 3 ▶ GoProの便利な機能を設定しよう

Section 05 手ブレを補正しよう「HYPERSMOOTH」

Keyword　HYPERSMOOTH

撮影時のブレを低減し、プロ仕様の映像を実現する。サイクリングやバイクに乗っての撮影、片手で持ちながらの撮影など、細かな振動が生じる撮影で、動画を安定させる効果がある。

1　手ブレを補正してなめらかな動画を撮影する

HERO11/12/13ともに強力な手ブレ補正である「HYPERSMOOTH（ハイパースムーズ）」が搭載されており、非常になめらかな動画を撮影できる。HERO11では「自動ブースト」「ブースト」「オン」「オフ」の4つから、HERO12/13では「自動ブースト」「オン」「オフ」の3つの設定から手ブレ補正の度合いを選べる。

■ HYPERSMOOTH オフ

片手で撮影する場合など、振動をともなう撮影では小さなブレが気になる。

■ HYPERSMOOTH オン

細かなブレを低減し、動画を安定させてくれる。

2 操作手順

HERO11/12/13ともプロコントロールモードから設定できる。

■ HERO11の場合

プロコントロール

プリセットのペンアイコンをタップする❶。

「HyperSmooth」をタップする❷。

任意の設定を選択する❸。

■ HERO12/13の場合

プロコントロール

プリセットの設定アイコンをタップする❶。

HyperSmoothの項目までスクロールし、任意の設定をタップする❷。

Chapter 3 ▶ GoProの便利な機能を設定しよう

Section 06

撮影時の設定を手動で調整しよう「Protune」

Keyword　Protune

Protuneをオンにすると、通常の撮影より高度な設定ができ、色調や明るさにこだわった画づくりができる。GoProの機能を最大限発揮し、プロレベルの映像を作成したい場面におすすめの機能だ。

1 Protuneを設定する

■ Protuneで設定できる項目

項目	説明
10ビット/ビット深度 (HERO11/13のみ)	10億色の表示が可能となり、映像の色深度を強化できる。10ビットをオンにすると、ビデオが10ビットHEVC形式で保存される。
ビットレート (HERO11/13のみ)	ビデオを1秒間録画するのに使用されるデータ量を設定できる。
シャッター	シャッターが開いている時間を設定できる。ビデオモード、写真モードにのみ適用される。
EV値	露出値の補正を設定できる。調整することで、コントラストの強い照明状況下での撮影時に画像品質が改善される。
ホワイトバランス	ビデオや写真の色温度を調整し、寒色と暖色のバランスを調整できる。
ISO最小/ISO最大	光と画像ノイズに対するカメラの感度の範囲を設定できる。画像ノイズとは、画像上の粒度のこと。
シャープネス	ビデオ映像や写真で撮影したディテールの質を、高・中・低から設定できる。
カラー	ビデオや写真のカラープロファイルを調整できる。

72

RAWオーディオ	標準の.mp4オーディオトラックに加えて、ビデオ用の.wavファイルを作成する。RAWオーディオトラックに適用する処理レベルを選択できる。HERO13では、Protuneの下の「オーディオ」から変更できる。
ウィンド	3つのマイクを使って、ビデオの録画中に音声を録音する。撮影時の条件や、完成したビデオに使いたいサウンドの種類に基づいて、使用方法をカスタマイズできる。HERO13では、Protuneの下の「オーディオ」から変更できる。
メディアモジュラー （メディアモッド）	接続する外部マイクの種類を選択できる。

■ Protune オフ

Protuneをオフで撮影した通常の作例。

■ Protune オン

Protuneをオンにして、いくつかの項目を調整。画に変化があることがわかる。
（EV:+1.0/ISO:6400/WB:4500K/カラー：ビビッド）

2 操作手順

HERO11/12/13ともプロコントロールモードから設定できる。

■ HERO11の場合

プリセットのペンアイコンをタップする❶。

▼

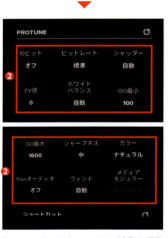

Protuneまでスクロールし、任意の項目をタップして設定する❷。

■ HERO12/13の場合

プリセットの設定アイコンをタップする❶。

▼

Protuneまでスクロールし、任意の項目をタップして設定する❷。

3 Protune設定のリセット

■ HERO11の場合

Protuneの右側にある「♻」をタップする❶。

「リセット」をタップするとProtuneの設定がリセットされる❷。

■ HERO12/13の場合

設定画面の一番下までスクロールし、「♻ 元に戻す」をタップする❶。

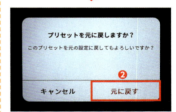

「元に戻す」をタップするとプリセットがリセットされる❷。
※ショートカット設定や撮影設定などの設定もリセットされるので注意

Chapter 3 ▶ GoProの便利な機能を設定しよう

Section 07 動画の色合いを変更しよう「ホワイトバランス」

Keyword　ホワイトバランス

ホワイトバランスは、「白いものが白く映る」ように被写体の色を補正する機能。設定する色温度によって、それとは逆方向（暖色系なら寒色系）の色味が強くなるような補正が働く。

1 ホワイトバランスでイメージ通りの色を出す

GoProでは「自動」「ネイティブ」「6500K」「6000K」「5500K」「5000K」「4500K」「4000K」「3200K」「2800K」「2300K」の11種類の設定の中から、シーンに応じて選択できる。初期設定は、「自動」でGoProがオートで色温度を調整してくれる。「ネイティブ」は最小限に色補正したファイルをつくり出すので、後から画像を修正したい場面に適している。

■ 自動

自動的に色調を最適な状態にする。通常は「自動」に設定しておくと便利。

■ ホワイトバランス2300K

通常の光環境、例えば日中の屋外で2300Kにすると青みがかった表現になる。このようにフィルター効果のような使い方も楽しめる。

■ ホワイトバランスと適した光環境

6500k	暖色系の光。光量が低い環境で、周囲の光に頼らずにディテールを捉えたい場合などに適している。
5500k	やや寒色系の光。屋外の自然光の下で撮影するときに適している。
3000k	寒色系の光。曇っているときなどに適した設定。

2 操作手順

HERO11/12/13ともプロコントロールモードから設定できる。

■ HERO11の場合

プロコントロール

プリセットのペンアイコンをタップする❶。

▼

Protuneまでスクロールし、ホワイトバランスをタップする❷。

▼

任意のホワイトバランスを選択する❸。

■ HERO12/13の場合

プロコントロール

プリセットの設定アイコンをタップする❶。

▼

Protuneまでスクロールし、ホワイトバランスをタップする❷。

▼

任意のホワイトバランスを選択する❸。

Chapter 3 ▶ GoProの便利な機能を設定しよう

Section 08

動画の色調を変更しよう「カラー」

Keyword　カラー

カラーは、動画や写真のカラープロファイルを調整する機能。「ビビッド」「ナチュラル」「フラット」の3種類からプロファイルを選ぶことができる。

1 リアルなカラー、鮮やかなカラーなどで撮影する

初期設定の「ナチュラル」では実際の色に忠実なカラープロファイルで写真やビデオを撮影できる。「ビビッド」では色彩豊かなカラープロファイルで、彩度の高い鮮やかな映像を撮影できる。「フラット」はニュートラルなカラープロファイルで撮影でき、互換性が高く、他の機材で撮影した動画などと合わせやすいという特徴がある。あとから編集で作り込みたいという人は「フラット」を選ぼう。

■ ナチュラル

標準のGoPro色修正プロファイルで写真やビデオを撮影する。コントラストがはっきりしてシャープな画になる。

■ ビビッド

彩度の高い鮮やかな映像を撮影することができる。

■ フラット

撮影後に柔軟な編集が可能なニュートラルなカラープロファイル。彩度が抑えられ、コントラストが低い画になる。

2 操作手順

HERO11/12/13ともプロコントロールモードから設定できる。

■ HERO11の場合

プリセットのペンアイコンをタップする❶。

▼

Protuneまでスクロールし、カラーをタップする❷。

▼

任意のカラーを選択する❸。

■ HERO12/13の場合

プリセットの設定アイコンをタップする❶。

▼

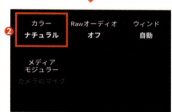

Protuneまでスクロールし、カラーをタップする❷。

▼

任意のカラーを選択する❸。

Chapter 3 ▶ GoProの便利な機能を設定しよう

Section 09

暗い場所で撮影しよう「ISO感度」

Keyword　ISO感度

ISO感度は、GoProのセンサーが光を取り込む感度のことで、ISO感度が高くなるほど光量の少ない状況でも明るく写すことができる。夜景やイルミネーションを撮影する場合に便利だ。

1 ISO感度を調整し暗い場所で撮影する

ISO感度を高くするとノイズが多くなる。ISO感度を低くすると、状況によっては暗い映像になってしまうので、バランスを見極めながら数値を設定しよう。ISO感度では**最小値**と**最大値を設定する**ことができる。写真モードでは「100」「200」「400」「800」「1600」「3200」から、ビデオモードでは加えて「6400」、「自動ISO最小」、「自動ISO最大」が設定できる。

■ ISO6400

ISO感度を高くすることで、明るい画像が撮影できる。ただし、拡大するとノイズが目立つ。

■ ISO400

ISO感度を下げたので、画像が暗くなる。その代わり画像を拡大してもノイズが目立たない。

2 操作手順

HERO11/12/13ともプロコントロールモードから設定できる。

■ HERO11の場合

プリセットのペンアイコンをタップする❶。

▼

Protuneまでスクロールし、ISO最小もしくはISO最大をタップする❷。

任意の数値を選択する❸。

■ HERO12/13の場合

プリセットの設定アイコンをタップする❶。

▼

Protuneまでスクロールし、ISO最小もしくはISO最大をタップする❷。

任意の数値を選択する❸。

Section 10 動画の鮮明さを調整しよう「シャープネス」

Chapter 3 ▶ GoProの便利な機能を設定しよう

Keyword　シャープネス

シャープネスは、映像の鮮明さを調整する機能で、シャープネスを高くすると被写体の輪郭がはっきりと立って見える。低くすると鮮明さがなくなり、ぼやけたような画になる。

1 鮮明さをコントロールする

シャープネスは、「高」「中」「低（小）」の3種類から設定できる。撮影後に編集で鮮明さを調整しない場合は、「高」もしくは「中」に設定しよう。「低」は撮影後の編集作業で自分好みに調整する場合に設定しよう。プロ向けの設定だ。

■ 高

被写体の輪郭部がはっきりと強調される。

■ 中

ちょうどいい鮮明さの画になる。

■ 低（小）

少しぼんやりとした印象になる。編集作業にこだわりたい人におすすめだ。

2 操作手順

HERO11/12/13ともプロコントロールモードから設定できる。

■ HERO11の場合

プロコントロール

プリセットのペンアイコンをタップする❶。

Protuneまでスクロールし、シャープネスをタップする❷。

任意のレベルを選択する❸。

■ HERO12/13の場合

プロコントロール

プリセットの設定アイコンをタップする❶。

Protuneまでスクロールし、シャープネスをタップする❷。

任意のレベルを選択する❸。

Section 11 動画の明るさを調整しよう「EV値」

Keyword　EV値

撮影をする際に取り込まれる光の量のことを露出値（EV）といい、**EV値**はその露出値を調整する機能。露出補正をすることで、光環境を好みの明るさに調整できる。

1 被写体のイメージに合わせて明るさを調整する

補正できる範囲は、「−2.0」「−1.5」「−1.0」「−0.5」「0」「+0.5」「+1.0」「+1.5」「+2.0」と、0.5刻みで設定できる。マイナスになるほど暗くなり、プラスになるほど明るくなる。自分のイメージに合わせて明るさをコントロールできるのもポイントだ。あえてマイナスにすることで、暗いイメージを演出したり、光沢を際立たせたりすることができる。プラスに補正すれば、爽やかな印象を与える。再現したい内容に合わせて、露出の値を補正しよう。

■ 0（補正なし）　　　　■ −2.0　　　　■ +2.0

EV修正を行っていない状態。GoProが自動で決定した光の量そのままの露出。

マイナス補正で画面が暗くなり、陰影が強調される。全体的にシックな印象になる。

プラス補正で画面が明るくなり、全体的に爽やかな印象になる。

2 操作手順

HERO11/12/13ともプロコントロールモードから設定できる。

■ HERO11の場合

プリセットのペンアイコンをタップする❶。

Protuneまでスクロールし、EV値をタップする❷。

任意の値を選択する❸。

■ HERO12/13の場合

プリセットの設定アイコンをタップする❶。

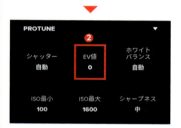

Protuneまでスクロールし、EV値をタップする❷。

任意の値を選択する❸。

Section 12 測光範囲を変更しよう「露出コントロール」

Chapter 3 ▶ GoProの便利な機能を設定しよう

Keyword 露出コントロール

露出コントロールは、画面のどの範囲から明るさを測るか（測光するか）を決めることができる機能。画面内に、明るい部分と暗い部分が混在しているときなどに便利だ。

1 明るさの基準となる場所を選択する

初期設定では、画面全体から明るさを測る設定になっているが、撮影画面を長押しすることで特定のポイントから明るさを測れるようになる。例えば、暗い室内から日中の屋外を撮影するシーンや、メインの被写体が逆光で影になっている場合などに使ってみよう。

■ 初期設定の場合

初期設定では背景の空の明るさに引っ張られて手前の木が暗くなってしまう。

■ 測光範囲を木に合わせた場合

木に露出を合わせることで、適正な明るさになる。葉の緑がよく見える。

2 操作手順

撮影画面でタッチディスプレイを長押しする❶。

測光箇所が角括弧で表示される❷。

指でドラックして測光箇所を移動する❸。「+/-」をタップすると露出補正(EV値)を調整できる。

角括弧の中をタップして測光箇所をロックする❹。右下のチェックマークをタップする❺。

撮影画面の四角をタップすると、露出コントロールがオフになり、リセットされる。

87

Chapter 3 ▶ GoProの便利な機能を設定しよう

Section 13 お気に入りの場面に目印を付けよう「HiLightタグ」

Keyword　　HiLightタグ

読書中、気になったページに付箋を貼っておくように、GoProビデオや写真のお気に入りのポイントに印を付けることができる。この印を「HiLightタグ」という。

1 撮影したビデオを再生してHiLightタグを付ける

動画のポイントとなる瞬間にHiLightタグを付けておくことで、後から動画を編集する場合などに便利。編集作業の効率アップに効果的だ。

下部中央のアイコンをタップする❶。

再生中に右側のハイライトボタンをタップする❷。

HiLightタグが付いた動画は、メーター部分に目印が付くため、瞬時にポイントを探すことができる❸。

2 撮影中にHiLightタグを付ける

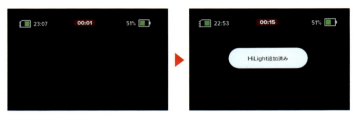

撮影中にモードボタンを押すと、HiLightタグが付く。一度付けたHiLightタグは再生画面で取り外すこともできる。

■ アプリの場合

プレビューで撮影中に右下のアイコンをタップすると❶、HiLightタグが付く。GoProアプリは、ビデオを作成するときにHiLightタグを自動検索するため、お気に入りの場面を容易にストーリーへ盛り込むことができる。

Section 14 長時間の連続撮影をしよう「ループ」

Keyword　ループ

ループは、あらかじめ設定した撮影時間を過ぎるたびに、その動画の先頭に戻ってデータを上書きする機能。microSDカードの容量を気にすることなく撮影できる。

1 上書き保存を繰り返して長時間撮影する

いつ何が起こるかわからない決定的瞬間を撮影したい場面に便利だ。ただし、狙った瞬間を撮影できても、録画し続けるとデータが上書きされてしまう。ループの設定ではループバックしてビデオの先頭から重ね撮りするまでの時間を選択する。初期設定の間隔は5分で、20分、60分、120分のループ録画をするように設定できる。また、「最大」と設定することもでき、この場合microSDカードの容量がいっぱいになるまで録画し、その後ループバックする。

■ ループを5分に設定した場合

撮影時間を5分に設定した場合、5分を過ぎると、撮影済みの動画の冒頭から、新しい動画が上書きされる。

2 操作手順

初期設定のプリセットではループを使えないので、新たにプリセットを作成する。

プリセットリストの下部にある「プリセットの新規作成」をタップする❶。HERO11 では、右上の「≑」マークをタップし、「+」マークをタップする。

「ループ」を選択し、右上の✔をタップする❷。

設定を選択する❸。

プリセット名を設定する。下までスクロールすると「ループ」が用意されている❹。

一覧に「ループ」のプリセットが追加される❺。

Chapter 3 ▶ GoProの便利な機能を設定しよう

Section 15
自動で撮影しよう「スケジュールキャプチャー」

Keyword　スケジュールキャプチャー/デュレーションキャプチャー

撮影開始時間を設定しておくことで、GoProが自動で起動し撮影を開始する「スケジュールキャプチャー」。撮影を停止するときは、シャッターボタンを押す必要があるが、「デュレーションキャプチャー」を設定すれば、撮影の停止もGoProが自動的に行うことができる。

1　自動で撮影を開始する

スケジュールキャプチャーを設定すれば、撮影者がその場にいなくても撮影を開始できる。撮影開始時間は最大24時間前から設定することができる。

あらかじめ撮影開始時間を設定しておくことで、GoProが自動で撮影を開始してくれる。

2　デュレーションキャプチャーと組み合わせる

あらかじめ撮影時間を設定しておくことで、GoProが自動で撮影を停止してくれる。

3 操作手順

HERO11/12/13ともプロコントロールモードから設定できる。

■ HERO11の場合

プリセットのペンアイコンをタップする❶。

「スケジュールキャプチャー」をタップする。デュレーションキャプチャーを設定する場合は「時間」をタップする❷。

「オン」を選択して撮影開始時間を設定する❸。

デュレーションキャプチャーを設定する場合は、任意の時間を選択する❹。

■ HERO12/13の場合

プリセットの設定アイコンをタップする❶。

「スケジュールキャプチャー」までスクロールし、タップする。デュレーションキャプチャーを設定する場合は「時間」をタップする❷。

「オン」を選択して撮影開始時間を設定する❸。

デュレーションキャプチャーを設定する場合は、任意の時間を選択する❹。

Chapter 3 ▶ GoProの便利な機能を設定しよう

Section 16

セルフィーや集合写真を撮影しよう「写真タイマー」

Keyword　写真タイマー

写真タイマーは、シャッターボタンを押してから指定した時間後に自動的に撮影される機能。自撮りや集合写真の撮影、また、シャッターボタンを直接押さないのでブレ防止にも活用できる。

1　写真タイマーを使って撮影する

撮影までの時間は3秒または10秒から選べる。自撮りをするときは3秒、集合写真を撮るときは10秒など、シーンによって使い分けよう。シャッターボタンを押すとカウントダウンが始まり、撮影画面に撮影開始までの時間が表示される。電子音とステータスライトの点滅の間隔でも残り時間が分かる。

■ カウントダウンの表示

シャッターボタンを押すと撮影画面に撮影開始までの時間が表示され、カウントダウンする。このときシャッターボタンを押すと、撮影をキャンセルできる。

カウントダウンとともに、ステータスライトが点滅し、同時に電子音が鳴る。撮影直前に間隔が短くなるので撮影のタイミングがわかりやすい。また、ステータススクリーンにもカウントダウンが表示される。

94

2 操作手順

HERO11/12/13のイージー/プロコントロールとも、初期設定でショートカットに写真タイマーが配置されているので、簡単に設定できる。

■ HERO11の場合 　　　　　　■ HERO12/13の場合

イージーコントロール

プロコントロール

撮影画面の時計アイコンをタップする❶。

撮影画面の時計アイコンをタップする❶。

撮影開始までの時間を「3秒」「10秒」から選ぶ❷。

撮影開始までの時間を「3秒」「10秒」から選ぶ❷。

タイマーを設定すると、時計アイコンが青く光る❸。

タイマーを設定すると、時計アイコンが青く光る❸。

Section 17 シャッター速度を変更しよう「シャッター速度」

Chapter 3 ▶ GoProの便利な機能を設定しよう

Keyword　シャッター速度

シャッター速度は、カメラのセンサーに光があたる時間のことで、シャッター速度が遅いほど明るい写真になるが、ブレやすくなる。動画撮影では基本的にフレームレートによってシャッター速度は自動的に設定される。

1 シャッター速度を調節する

フレームレートに対応したシャッター速度では動画が明るすぎたり、にじんだ印象になったりする場合はシャッター速度を調整しよう。例えば、30fpsでイルミネーションを撮影したときに、光がにじんでぼやけているように感じた場合、シャッター速度を1/60秒にすると、取り込む光が減るので少し暗くなって光がシャープに描写される。ただし、シャッター速度を速くしてもフレームレートは変わらないので、あまり速くしすぎると映像のなめらかさが損なわれることがあるので注意しよう。

■ 1/30秒

30fpsでシャッター速度1/30で撮影。左上の光がぼやけている印象がある。

■ 1/60秒

30fpsでシャッター速度を1/60秒で撮影。全体的に暗くなり、光はシャープに表現されている。

2 操作手順

Protuneのシャッター設定は、ビデオモードと写真モードで設定できる。ビデオの場合は、フレームレートによって設定できるシャッター速度が異なる。ここではビデオを例にシャッター速度の設定方法を紹介する。

■ HERO11の場合

プロコントロール

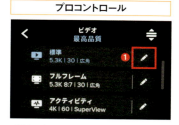

プリセットのペンアイコンをタップする❶。

Protuneまでスクロールし、シャッターをタップする❷。

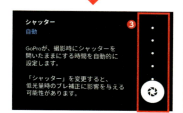

任意の値を選択する❸。

■ HERO12/13の場合

プロコントロール

プリセットの設定アイコンをタップする❶。

Protuneまでスクロールし、シャッターをタップする❷。

任意の値を選択する❸。

Chapter 3 ▶ GoProの便利な機能を設定しよう

Section
18

画像処理で写真の品質をあげよう「出力」

Keyword　　出力

「出力」では、写真の処理や保存方法を選択できる。撮影に最適な画像処理を適用してくれる「Super Photo」、きめ細かさやカラーレベルを高く保つ「HDR」などの機能が搭載されている。

1　4つのオプションから選択する

出力には「Super Photo」「HDR」「標準」「RAW」の4つのオプションがある。

出力	概要	対応可能なモード
Super Photo **(初期設定)**	自動で高度な画像処理を行い、光量に合わせて最適な写真となるよう処理する。処理に時間がかかる場合があるので注意が必要。	写真
HDR	複数の写真を1つのショットに結合し、明るい光と影が混在したシーンのディテールを引き出す。	写真
標準	標準の.jpgファイルで写真を保存する。	写真、連写、ナイト
RAW	写真を.jpgと.gprファイルで保存することで、編集ソフトで写真を編集できるようになる。	写真、連写、ナイト

98

2 操作手順

HERO11/12/13ともプロコントロールモードから設定できる。

■ HERO11の場合

プロコントロール

プリセットのペンアイコンをタップする❶。

「出力」をタップする❷。

任意の出力を選択する❸。

■ HERO12/13の場合

プロコントロール

プリセットの設定アイコンをタップする❶。

「出力」をタップする❷。

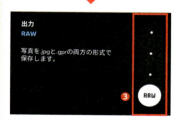

任意の出力を選択する❸。

Chapter 3 ▶ GoProの便利な機能を設定しよう

Section 19 音をきれいにとろう 「ウィンド低減」

Keyword　ウィンド低減

GoProには3つのマイクが備わっており、ビデオの録画中に音声を録音する。撮影時の条件や、使いたいサウンドの種類に応じてマイクの設定をカスタマイズすることができる。

1 マイクを設定する

風が強い環境や、車に搭載した状態での撮影では、ウィンドノイズが記録されてしまう。ウィンド低減設定では、マイクを最適に設定して、不要なウィンドノイズを最小限に抑えることができる。

自動(初期設定)	過度なウィンドノイズを自動的に除去する。ステレオ録音とモノラル録音を切り替え、可能な限り高音質で音声を録音する。
オン	常にウィンドノイズを除去し、モノラルで録音する。風が強い日や移動中の乗り物に搭載しているときなど、過度なウィンドノイズが常に発生する場面に適している。
オフ	常にステレオで録音する。

2 操作手順

HERO11/12/13ともプロコントロールモードから設定できる。

■ HERO11の場合

プロコントロール

プリセットのペンアイコンをタップする❶。

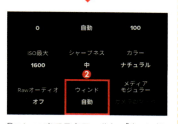

Protuneまでスクロールし、「ウィンド」をタップする❷。

任意の項目を選択する❸。

■ HERO12/13の場合

プロコントロール

プリセットの設定アイコンをタップする❶。

HERO12の場合、Protuneまでスクロールし、「ウィンド」をタップする❷。

HERO13の場合、オーディオまでスクロールし、「ウィンド低減」をタップする❷。

任意の項目を選択する❸。

Chapter 3 ▶ GoProの便利な機能を設定しよう

Section

20

音声でGoProを操作しよう「音声コントロール」

Keyword　音声コントロール

音声コントロールは、あらかじめ定められているコマンドを発声することで、GoProに触れず、声で操作することができる機能。スポーツや移動中の撮影など、手が使えない撮影シーンで便利だ。

1　音声コマンドを覚える

音声コマンドには、撮影に関する操作を切り替える「**アクションコマンド**」と、メイン撮影モードを切り替える「**モードコマンド**」の2種類がある。

■ アクションコマンド

GoPro 撮影	選択したモードでビデオや静止画の撮影を開始する。
GoPro 撮影ストップ	ビデオモードおよびタイムラプスモードでの撮影を停止する。
GoPro ビデオスタート	ビデオの撮影を開始する。
GoPro ビデオストップ	ビデオの撮影を停止する。
GoPro ハイライト	撮影中に HiLight タグを付ける。
GoPro 写真	写真を1枚撮影する。
GoPro バースト	連写で写真を撮影する。
GoPro タイムラプススタート	タイムラプスの撮影を開始する。
Gpro タイムラプスストップ	タイムラプスの撮影を停止する。
GoPro 電源オフ	GoProの電源をオフにする。

102

■ モードコマンド

GoProビデオモード	メイン撮影モードをビデオに切り替える。
Gopro写真モード	メイン撮影モードを写真に切り替える。
GoProタイムラプスモード	メイン撮影モードをタイムラプスに切り替える。

2 操作手順

■ オンとオフを切り替える

設定画面から音声コントロールアイコンをタップする。音声コントロールがオンの時はアイコンが青く表示される。

■ 言語を変更する/コマンドを確認する

「ユーザー設定」をタップする❶。

「音声コントロール」をタップする❷。

言語の変更やコマンドの確認ができる❸。

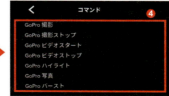

「コマンド」をタップすると、コマンド一覧が表示される❹。

103

Section 21 連続写真を撮影しよう「バースト」

Keyword　バーストモード

バーストモードは、一度シャッターを押すと連続で写真を撮影する機能。最大で1秒間に30枚の撮影が可能なので、動きのすばやい被写体の一瞬を切り取りたいときに便利だ。

1 一瞬のすばやい動きを撮影する

連写モードにすると、撮影時間と撮影枚数を決める「バーストレート」という項目が設定できる。バーストレートは「撮影枚数/秒数」で、1秒間に撮影する枚数が多いほど、よりすばやい連写ができる。動きが非常に速いスポーツなどは「30/1秒」、ペットや赤ちゃんなどの動きは「5/1秒」など、被写体が動くスピードに合わせて設定しよう。

■ 1秒間に5枚撮影

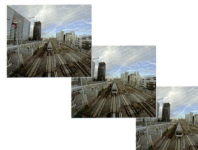

連写レートを5/1秒にして撮影。通過する電車でもはっきりと撮影できる。

2 操作手順

HERO11/12/13ともプロコントロールモードから設定できる。

■ HERO11の場合

「バースト」のペンアイコンをタップする❶。

「連写レート」をタップする❷。

任意の値を選択する❸。

■ HERO12/13の場合

「バースト」の設定アイコンをタップする❶。

撮影までスクロールし、「バーストレート」をタップする❷。

任意の値を選択する❸。

Section 22 暗い場所で写真を撮影しよう「ナイトフォト」

Keyword　ナイトフォト

ナイトフォトは、夜の撮影時など光量の少ない状況でも明るい写真が撮れる機能。暗い場所で静止画を撮影したいときに便利だ。

1 夜でも快適に撮影する

夜間モードでは、シャッター速度が遅くなり、光量が少ない撮影環境でも十分に光を取り込むことができる。撮影場所が暗いほど長めのシャッター速度を選ぼう。ただし、シャッターの開放時間が長くなると、そのぶんブレやすくなるため、GoProをしっかり固定できる条件を整えてから使おう。

■ 写真モード

光量が足りず、全体的に暗い印象になる。

■ 夜間モード

シャッター速度が調整され、適切な量の光が入っているため、明るい写真になる。

■ ナイトシャッターの目安

2、5、10、15秒	夕暮れ・夜明け・花火など、フレーム内に光源があるシーン。
20秒	夜景など、遠くに小さな光源があるシーン。
30秒	夜空の星など、完全に暗闇のシーン。
自動	日の出、日没、夜明け、夕暮れなどの場合に自動でシャッター速度を調整。

2 操作手順

イージー/プロコントロール両方から設定できる。プロコントロールモードでは、ナイトシャッターの値を変更できる。

■ HERO11の場合

イージーコントロール

撮影画面の左上のアイコンをタップすると、ナイトフォトに設定される❶。

ナイトフォトに設定すると、アイコンが青色になる❷。

プロコントロール

ナイトシャッターの値を変更するには、ナイトフォトのペンアイコンをタップする❶。

「シャッター」をタップし、任意の値を設定する❷。

■ HERO12/13の場合

イージーコントロール

撮影設定をタップする❶。

ナイトフォトモードに設定する❷。

プロコントロール

ナイトシャッターの値を変更するには、ナイトフォトの設定アイコンをタップする❶。

「シャッター」をタップし、任意の値を設定する❷。

Section 23 なめらかなタイムラプスビデオを撮影しよう「TimeWarp」

Keyword　TimeWarp

TimeWarpは、再生するときに何倍で再生するかをあらかじめ設定してビデオを録画する機能。風景の変化を途切れることなく見せたいときに使おう。

1 動きながらなめらかなタイムラプスビデオを撮影する

普通のタイムラプスビデオでは、GoProを持ち歩いて撮影すると、カクカクとした不自然な動きのビデオになってしまう。TimeWarpでは、高速再生のビデオで被写体の変化をすばやくなめらかに表現することができる。長時間の動作も、30倍まで速度を上げて撮影できる。

■ ビデオの長さと推奨事例

速度	録画時間	ビデオの長さ	例
自動（初期設定）	1〜5分	10秒〜30秒	あらゆる場面に適用できる。速度はカメラの動きに応じて自動で調整される。
2×	1分	30秒	景色の良い道路での運転
5×	1分	10秒	景色の良い道路での運転
10×	5分	30秒	ハイキングや探検
15×	5分	20秒	ランニングやマウンテンバイク
30×	5分	10秒	ランニングやマウンテンバイク

2 操作手順

HERO11/12/13のイージーコントロール、プロコントロールとも、タイムラプスの初期設定としてTimeWarpが設定されている。

■ HERO11の場合

プロコントロール

TimeWarpのペンアイコンをタップする❶。

「速度」をタップする❷。

任意の速度をタップする❸。

■ HERO12/13の場合

プロコントロール

TimeWarpの設定アイコンをタップする❶。

「速度」をタップする❷。

任意の速度をタップする❸。

Chapter 3 ▶ GoProの便利な機能を設定しよう

Section 24

パラパラマンガのような画を撮ろう「タイムラプス」

Keyword　タイムラプスビデオ/タイムラプスフォト

タイムラプスとは、一定の間隔で写真を撮影し、それをつなぎ合わせて動画にする機能。時間の経過を早送りで撮影したような動画を撮影できる。

1 タイムラプスの種類を知る

タイムラプスの撮影形式には、「タイムラプスビデオ」「タイムラプスフォト」の2種類がある。

タイムラプスビデオ	一定間隔で1コマずつ撮影した写真を繋げて、自動で再生できる動画にしてくれる。普通に使いたいユーザーが撮影して楽しむときにおすすめ。
タイムラプスフォト	一定間隔で撮影した写真が個別で保存される。のちに自分で編集することでタイムラプスビデオができる。

2秒に1枚の設定でタイムラプスビデオを撮影。被写体の変化がよくわかる。

2 操作手順

■ HERO11の場合

プロコントロール

プリセット画面から「タイムラプス」のペンアイコンをタップする❶。

▼

フォーマットをタップする❷。

▼

「ビデオ」か「写真」を選択する❸。

▼

その他、「間隔」では撮影の間隔(初期設定では0.5秒)を設定できる❹。「時間」では撮影を自動的に停止する時間(初期設定では制限なし)を設定できる❺。

■ HERO12/13の場合

プロコントロール

プリセット画面から「タイムラプス」の設定アイコンをタップする❶。

▼

フォーマットで「ビデオ」か「写真」を選択する❷。

▼

その他、「間隔」では撮影の間隔(初期設定では0.5秒)を設定できる❸。「時間」では撮影を自動的に停止する時間(初期設定では制限なし)を設定できる❹。

Chapter 3 ▶ GoProの便利な機能を設定しよう

Section 25 夜間のタイムラプスを撮影しよう「ナイトラプス」

Keyword　ナイトラプスビデオ/ナイトラプスフォト

ナイトラプスは、夜間に特化したタイムラプス。光量の少ない場所でも明るく撮れるように、シャッターの開放時間（シャッター速度）を調節して撮影しよう。

1 夜間でも美しくタイムラプスを撮影する

タイムラプス（→P.110）同様、撮影形式が2種類あり、「ナイトラプスビデオ」「ナイトラプスフォト」が搭載されている。暗い場所で撮影するときは遅めのシャッター速度を選び、変化が遅い被写体を撮影するときは長めの撮影間隔を選ぼう。

夜の道路を「ナイトラプスビデオ」で撮影。十分な明るさで、タイムラプスを撮影できる。

2 操作手順

■ HERO11の場合

| プロコントロール |

プリセット画面から「ナイトラプス」のペンアイコンをタップする❶。

▼

撮影間隔やシャッター速度などを変更できる❷。

▼

シャッター速度の設定画面。

▼

撮影間隔の設定画面。

■ HERO12/13の場合

| プロコントロール |

プリセット画面から「ナイトラプス」の設定アイコンをタップする❶。

▼

撮影間隔やシャッター速度などを変更できる❷。

▼

シャッター速度の設定画面。

▼

撮影間隔の設定画面。

Chapter 3 ▶ GoProの便利な機能を設定しよう

Section 26

大切なシーンを逃さず撮ろう「ハインドサイト」

Keyword　ハインドサイト/HindSight

ハインドサイト（HindSight）を使用すると、シャッターボタンを押した瞬間から遡って録画を開始することが可能。設定に応じて15秒もしくは30秒前の映像から録画を開始できる。

1 シャッターチャンスを逃さずに撮影する

ハインドサイトは、シャッターボタンを押す前から映像を記録し続けるので、被写体にGoProを向けておいてシャッターチャンスが来てからシャッターボタンを押せば、シャッターチャンスの一部始終を撮影することができる。

鳥が飛び立つ様子を撮影したいときは、被写体を捉えておき、飛び立った瞬間にシャッターボタンを押すことでシャッターボタンを押す前、つまり鳥が飛び立つ前から記録できる。

ハインドサイトを有効にしている間は撮影をしているときと同じくらいバッテリーを消耗するので、バッテリー残量に注意が必要。

2 操作手順

HERO11/12/13ともプロコントロールモードから設定できる。

■ HERO11の場合

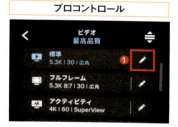

プリセットのペンアイコンをタップする❶。

「HindSight」をタップする❷。

任意の値を選択する❸。

■ HERO12/13の場合

プリセットの設定アイコンをタップする❶。

「HindSight」をタップする❷。

任意の値を撮影する❸。

Chapter 3 ▶ GoProの便利な機能を設定しよう

Section 27 常に水平を維持して撮影しよう「水平ロック」

Keyword 水平ロック/水平維持

水平ロック機能を使用すると、カメラが回転しても水平を維持できるようになり、簡単にプロ品質のビデオを撮影することができる。

1 水平を保ったまま撮影する

動きながら撮影する際などに水平ロックを使えば、画面が傾いたり逆さまになることなく、安定した映像を撮ることができる。これまでのGoProでは、360度回転させても水平維持した映像にするためには、別途「MAXレンズモジュラー」が必要だったが、HERO11からはアクセサリーなしで撮影が可能になった。

■ 水平ロック オフ　　　　　■ 水平ロック オン

GoProを傾けて撮影。水平ロックオフでは画面が傾いているが、水平ロックオンでは水平な状態が保たれている。

アスペクト比や解像度、フレームレートによっては「水平ロック」ではなく「水平維持機能」が適用されることがある。どちらが使用可能かは、レンズ設定の画面で確認することができる。

2 操作手順

HERO11/12/13ともプロコントロールモードから設定できる。

■ HERO11の場合

プロコントロール

プリセットのペンアイコンをタップする❶。

▼

レンズをタップする❷。

▼

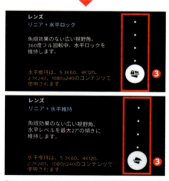

「リニア+水平ロック」または「リニア+水平維持」を選択する❸。

■ HERO12/13の場合

プロコントロール

プリセットの設定アイコンをタップする❶。

▼

レンズの項目までスクロールし、「リニア+水平ロック」または「リニア+水平維持」を選択する❷。

Column

RAW形式を理解しよう

GoProで撮影された写真は、カメラ表示用やQuikアプリでの共有用に「.jpg」として、またはRAW形式である「.gpr」として保存できる。RAWデータとは、カメラが捉えたそのままの未加工データのこと。加工処理が一切行われていない純粋なデータであるため、後から自分の好みに応じて自由に編集できるのが最大のメリットだ。写真モードでは、以下の条件でRAW形式を使用することができる。

■ RAW形式を有効にできる状態

- SuperPhotoが「オフ」になっている。
- HDRが「オフ」になっている。
- デジタルレンズ(視野角)が「Wide」になっている。
- ズームが「オフ」になっている。
- タイムラプスフォトの間隔が5秒以上になっている。
- ナイトラプスフォトでシャッター設定が2秒以上になっている。

■ 操作手順

撮影設定から「出力」をタップする❶。「標準」にすると写真を.jpgのみで保存、「RAW」にすると写真を.jpgと.gprの両方の形式で保存する❷。

ONE POINT .gpr(RAW形式)の使用方法

Adobe.dng形式に基づいた「.gpr(RAW形式)」ファイルは、Adobe Camera Raw(ACR)バージョン9.7以降で利用できる。さらに、Adobe Photoshop Lightroom CCおよびAdobe Photoshop Lightroom6でも使用可能だ。.gpr形式の写真は、.jpgファイルと同じファイル名で、同じフォルダに保存される。ファイルにアクセスするためには、SDカードをパソコンのカードリーダーに挿入し、ファイルエクスプローラーなどで探そう。

Chapter 4

GoProの撮影を楽しもう

Section 01	サーフィン・マリンスポーツ
Section 02	バイク・自転車
Section 03	家族との日常
Section 04	愛犬との日々
Section 05	旅の記録

Chapter 4 ▶ GoProの撮影を楽しもう

Section 01 サーフィン・マリンスポーツ

Keyword　サーフィン / 水中撮影 / 水面撮影

1 波に乗っている様子を自分視点で撮影する

サーフィンやマリンアクティビティでは、GoProの高い防水性能を活かして、水上での迫力ある撮影に挑戦しよう。

バイトマウントを使うと、自分目線の動画を撮影することができる。両手が自由になるため、パドリング、テイクオフにも支障が出ず、サーフィンに集中できる。

バイトマウント

口にくわえて使うバイトマウントは、ハンズフリーでPOV撮影を可能にする。POV映像は、その映像を見ている人が、撮影者の行動を追体験することができる。様々なシーンで使ってみよう。

動画の撮影は、4K、60fpsで撮影するのがおすすめ。Quikアプリを使ってお気に入りのフレームを写真として切り出すこともできる。

自分が波に乗っている様子を撮影できるため、サーフィンの上達にもつながる。GoProの高い防水性能を活かして、水上での臨場感ある撮影に挑戦しよう。

2 波に乗っている仲間の様子を撮影する

サーフィン仲間が波に乗っている様子を撮影してみよう。自分自身で撮影するよりも、波に乗る様子の全体像を撮影できる。

Super Viewでは画角が広すぎて対象物が小さくなりすぎるので、広角かリニアを使用すると良い。

121

衝突に気を付けながら、可能であれば近距離で撮影すると、より迫力のある映像が撮れる。

陸でのビデオカメラ撮影とは違い、海中での撮影は臨場感や迫力のあるショットを撮影できる。

波に乗っている瞬間だけでなく、ポイントまで向かっていくパドリングの様子を撮影してみるのも面白い。

3 水中の様子を撮影する

製品自体が水深10メートルまでの防水仕様になっているため、防水ハウジングをつけなくても水中に持ち込むことができる。

撮影をする際、浮遊物や濁りの影響を大きく受けてしまう。より綺麗な映像を撮りたいのであれば、透明度の高い海や水中など適切な場所選びから始めた方が良いだろう。

岩場の近くを撮影する

延長ポール等を活用して、岩場の影などを撮影してみよう。浅瀬でも、岩場の近くには色んな魚が潜んでいる。独特な形の岩を撮影するのも面白い。

大きなカメラだと、魚が警戒して近寄ってこないが、GoProは小型のため、ゆっくりと近づけば、魚を警戒させずに近くで撮影できる。

■ ステータススクリーンを活用する

水中ではタッチスクリーンが機能しない。モードボタンを長押ししながらシャッターボタンを押すことで、プリセットを変更できる（→P.31）。

■ 色々な撮影を試してみよう

三脚ポールなどを活用して、潮の満ち引きや夕日が沈む様子を撮影してみよう。ビデオで長時間撮影するとバッテリーの消耗が激しいので、タイムラプス撮影がおすすめ。

ビデオのシャッターボタンを押して、水の中にGoProをゆっくりと入れてみよう。Quikアプリを使用して、水中と水面が同時に写った瞬間を切り出すことができる。

Chapter 4 ▶ GoProの撮影を楽しもう

Section 02 バイク・自転車

Keyword　バイク / 自転車 / マウント位置 / アングル

1　バイクに乗る楽しさが伝わる映像を残す

バイクや自転車に乗るときもGoProを忘れずに持って行こう。**HYPERSMOOTH**機能や選択可能なデジタルレンズにより、滑らかで臨場感あふれるショットを撮影できる。

4K60fpsで画角はなるべく広く、HERO12であればSuper Viewなどがいい。手ぶれ補正はauto、カメラをバイク(or自転車)にマウントする場合はハンドルマウントがおすすめ。車体から少し前方にマウントすることのできる他社製品を使い、自分と景色をより広く切り取ることができる。

振動などでカメラが下がってくるので専用のレンチなどを使ってしっかり締めよう。ハンドルにマウントする時は自分の頭が画角からはみ出たりしないように角度をよく調整する必要もある。

2 ヘルメット、チェストマウントを活用する

ヘルメットに**マウント**を取り付けると、高い位置から撮影できる。ただし運転中は安全確認のために頻繁に顔を左右に振るので映像も影響を受ける。安定して前方を長時間撮りたいのであれば**チェストマウント**がおすすめ。この場合も角度をよく調整しないと地面ばかりの映像になりかねないので注意したい。スマホ用のQuikアプリでプレビューを利用して角度の確認をすると便利だ。

ヘルメットへの取り付けは両面テープ式のマウントを工夫して使うことが多かったが、最近はマジックテープで簡単に脱着できる顎の部分に取り付けるマウントなどもあるので活用したい。

スピード感を表現するにはNDフィルターを使用すると良い。適切なフィルターを使えば適度に景色が流れ映画のような雰囲気で撮影することができる。

3 パイプマウントを活用する

パイプマウントを使用して車体後部のフレームにカメラを装着し足元を写したり、荷台があれば後端につけて自分の後ろ姿を撮影することもできる。

バイク、自転車撮影時のTips

カメラの落下はカメラ自体の破損にもつながる上に重大な事故に結びつきかねない。落としたカメラを拾いに戻る際なども焦りから転倒や衝突を起こしやすい。安全のためにはとにかくカメラが落下しないようにしっかりとしたマウントを使いたい。安物のサードパーティ製マウントは耐久性が怪しいものもあるので特に振動や衝撃が長時間続く乗り物系の撮影時はあまりおすすめできない。純正品がおすすめ。落下防止用のテザーケーブルを使うのもおすすめ。カメラに気を取られて事故を起こさないように気をつけよう。長時間撮影の場合は予備バッテリーも忘れずに。USBで給電しながら撮影することもできるが防水性能はほぼなくなるので天候にも注意が必要だ。

Section 03 家族との日常

Keyword　家族 / 子ども / 公園

1　子どもと一緒に料理する様子を撮影する

GoProをアクションカメラとしてだけ使うのは勿体無い。コンパクトでタフなGoProの特性を生かして家族の日々を記録しよう。日常の何気ない一瞬も後で振り返ればかけがえのない思い出になる。

キッチンでお菓子作りや料理をするときもGoProで撮影してみよう。子供の成長がよくわかる。大きなカメラでは三脚に載せたりすると場所をとる上にいろいろなアングルで撮るのもなかなか難しい。GoProは小型軽量なので三脚も小さいものが使える。

ネックマウントで一人称視点で撮影したりすることも簡単にできる。防水なので水がかかったり、水の中につけて撮影したりすることもできる。普段なかなか見れない視点での撮影を織り交ぜながら撮影してみよう。おすすめの設定は4K24fps、もしくは30fps、画角は歪みの少ないリニア、手ぶれ補正はauto。

ネックマウントを使用して子供目線で料理をしている様子を撮る。広角で撮影すると両腕までしっかり撮影できる。

子ども目線で撮影してみると、普段自分が撮影している目線と異なるので新鮮さを感じる。

マグネット式のマウントを使えばレンジフードに簡単に貼り付けることができ、俯瞰撮影が簡単にできる。

冷蔵庫の中に設置して開けるところを中から撮影するのも面白い。

室内などあまり明るくない時は固定すると綺麗な映像が撮れる。固定して撮る場合は手ぶれ補正をオフにしても良い。マニュアルモードでの撮影もおすすめ。手ぶれ補正オフ、s/s 1/48、4K24fps、ISOは明るさに合わせて適宜設定だが1600以下がおすすめ。本格的なミラーレスのように設定もできる。遊びながらの撮影などはなるべく画角が広いモード（Hyper View、Super Viewなど）、手ぶれ補正はauto、4K60fpsや5.3K60fpsなどがおすすめ。

2 公園での様子を撮影する

子供と一緒に公園に行くときも忘れずにGoProを持っていこう。子供が乗る自転車等にカメラを固定して撮影すれば楽しそうに乗っている様子を撮影できる。

他社製のアクセサリーを使うと、ハンドルから少し前に伸ばして設置できる。ハンドルから子供の両腕、そして顔の表情まではっきり写すことができる。

子供の両手を持って回転しながらチェストマウントに装着したGoProのバーストモードで撮影した。自動で10枚から30枚の写真を撮ってくれるので後からベストショットを探せば良い。しかも音声コントロールで「ゴープロ写真！」というだけで撮影できる。このような場合に限らず両手がふさがっていてもカメラをコントロールできる音声コントロールはとても便利だ。

チェストマウントを使って乗馬している子供目線で撮影することもできる。

GoProは防水仕様で、その上少しの衝撃では壊れない丈夫なカメラなのでガンガン使って子供の成長記録を残そう。水遊びの際に防水ケースに入れなくても水深10メートルまでは問題ない。ただし水中で沈んでしまうと回収不可能になる可能性もあるのでフローティングハンドルなどを使うようにしたい。バッテリー室のドアが確実にしまっていることも必ず確認しよう。

室内撮影Tips

室内や夜間など光が少なくなるとGoProは画質が低下するので補助光などがあると良い。撮影用のLEDライトは数千円で買える安価なものも多く、それらを使うだけで綺麗な映像に仕上げることができる。Log撮影は一手間かかるが映画のような雰囲気に仕上げることができる。撮影時にはLog撮影を選んでおき、編集時にGoProが提供するLutというフィルターのようなものを映像に適用することで自然な映像に仕上げることができる。そこからティールアンドオレンジなどにカラーグレーディングすることでまるで映画のような作品に仕上げることもできる。

Chapter 4 ▶ GoProの撮影を楽しもう

Section 04

愛犬との日々

Keyword　愛犬/目線

1 愛犬の色々な表情を撮る

GoProを使うと、スマホや一眼レフカメラでは撮りきれない角度や目線で愛犬が楽しんでいる表情を撮影することができる。

奥の土管から出てきて、最高に楽しかったような表情をしているが、実は入るのが怖くてただ目の前に立っているだけの写真である。このアングルで撮れるのはGoProならでは。

犬は基本的に動いているので、本体のシャッターボタンを使って写真を撮るのはなかなか難しい。Quikアプリを使えば、スマホの画面で表情を確認しながら撮影できるのでおすすめ。

走っているシーンや、水の中を撮る場面ではレンズを広角に設定していればどれだけ足の早い犬でも、レンズ内に収まっているだろう。

■ バッテリー内蔵型マウントを使えば動画も写真も好きなだけ撮れる

GoPro単体で映像を撮り続けていると、思っているよりも早くバッテリーの充電が切れてしまう。そんな時は、バッテリーグリップ「**Volta**（ボルタ）」がおすすめ。

標準のバッテリーと組み合わせることで撮影時間が約3倍に延長出来る。また、ボルタをカメラから取り外してワイヤレスリモートコントローラーとして使用することも可能。

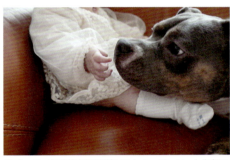

GoProは、長時間撮影を続けるとオーバーヒートを起こし急に本体の電源が落ちることがあるので、ある程度の時間が経ったら一度電源をオフにし、本体の温度を下げながら撮影しよう。

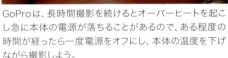

■ 水中で撮影する

GoProは本体のみなら水深10mまでの防水機能がある。それを活かして水中から愛犬も撮影出来るのも楽しい。

2 飼い主・家族との触れ合いを撮影する

次に、愛犬と飼い主が一緒にたわむれている様子を撮影しよう。使うアクセサリーによって飼い主の映り方が変わるのでいろんな印象の撮影が楽しめる。

愛犬とのトレーニング風景。ネックマウントを装着する事で飼い主のリアルな目線で撮影できるのが嬉しいポイント。

■ ネックマウントを使用する

ネックマウントを使用すると両手を使える状態になるので非常に便利。

ネックマウントを使用する際にGoProの画面ロック機能をオフにしておくと、反転状態での撮影を防ぐことが出来る。撮影中、GoPro本体での画面チェックが面倒であれば事前に設定しておこう。

3　愛犬目線で撮影する

ドッグハーネスを使うと、愛犬の背中や首元にGoProを装着できる。装着時の姿も可愛い。注意点としては、背中にGoProを付けていると激しい動きをした時にカメラがずれたり、たまに落ちたりする。購入前のサイズチェックは絶対に行おう。

ドッグハーネスを使えば、いつもの散歩風景やお家の中での撮影がより一層楽しめる。

愛犬目線で撮れる写真は低い位置からのため、いつもより臨場感溢れる写真になる。GoProを使い愛犬との思い出をたくさん残そう！

Chapter 4 ▶ GoProの撮影を楽しもう

Section 05

旅の記録

Keyword　旅/夜景/キャンプ/星空

1 楽しい旅の様子を記録する

軽くて小さく操作も簡単なGoProは旅先での撮影にもバッチリだ。大きなカメラだと撮影に気をとられて、肝心の景色を楽しむことができないが、GoProを使えば、最低限の装備できれいな映像を残すことができる。

景色を映す際はリニアがオススメだ。映像の歪みが少なく、より自然な感じで撮影ができる。カラープロファイルはビビットを選ぶと晴天の日は色鮮やかに撮影できる。

■ 旅の道中を撮影する

強力な手ぶれ補正が搭載されているGoProは移動しながらの撮影も簡単だ。その他にも吸盤を使い、車内のサイドウインドウなどにマウントして運転している様子を映すこともできる。マグネットマウントを使えば金属部分にどこにでも貼り付けて使えるため、撮影の幅が広がる。

■ おすすめのアクセサリー

旅の撮影には3-way2.0がオススメだ。短くたたんだ状態ではハンドグリップのように使え、長く伸ばせば自撮り棒になる。体から1メートル離すだけでもGoProの超広角レンズは普段とは違った景色を映し出してくれる。

自撮り棒の先端につけると通常よりもブレが大きくなるため、HYPERSMOOTHを必ずオンにしよう。激しく揺れる場合はオートにしておくと自動的に手ぶれ補正の効き具合を調整してくれる。自撮り棒を使う際もまっすぐにするのではなく、若干角度をつけて使うことで自撮り棒が画角の中に入り込まないようにすることもできる。

■ 夜の景色を撮影する

夕方以降、夜間や暗い室内などで撮影する際はいくつか注意点がある。全て自動で撮影することもできるが、画面にざらざらとしたノイズが出てしまうので少し設定を加えると良いだろう。

歩きながら撮影するのであればフレームレートは24か30、ISOはマックス1600、シャッター速度は手動で100分の1程度に設定すると光のブレが比較的抑えられる。映像を確認してあまり綺麗ではない場合は思い切ってカメラを固定してしまうのも1つの方法だ。

■ キャンプの様子を撮影する

非常に頑丈なGoProはキャンプの撮影にも最適だ。防水なので雨が降っても安心だ。

キャンプ場に到着し、テントの設営を撮影する際には、時間を短縮して映像にできる**タイムラプス**だと、バッテリーの消費を抑えることができる。

GoProに搭載されているタイマー機能を使って太陽が上がってくる様子などをタイムラプス撮影するのも楽しい。タイマー機能を使うと、あらかじめ指定した時間に指定した撮影方法で撮影を開始できる。太陽や星の位置や動きを教えてくれるスマホアプリ（PhotoPillsなど）があるので、あらかじめどちらの方角から何時ごろ太陽が昇るのか確認しておき、日の出の1時間位前からタイムラプスがスタートするように設定しよう。

スタートレイル機能を使うと、星の軌跡を撮影したり、星の動きをタイムラプスで撮影することもできる。周りに明るいものがあると、光が大きく映り込んでしまうが、山奥のキャンプ場で空気が澄んでいる日などはとてもきれいな星空を撮影することができる。

PhotoPillsなどであらかじめ星の動きをシミュレーションしておくと良いだろう。PhotoPillsは星の動き、天の川の位置、太陽の昇る方角、時間、夜明けの時間など、夜明けのタイムラプスやスタートレイルを撮影する上で必要な情報が手に入るアプリだ。

Chapter 5
GoProで撮影した動画を編集しよう

Section 01 　Quikアプリで動画を編集しよう

Chapter 5 ▶ GoProで撮影した動画を編集しよう

Section 01
Quikアプリで動画を編集しよう

Keyword　Quikアプリ

Quikアプリを使えばスマートフォンで動画を簡単に編集できる。効果の異なるテンプレートがいくつも用意されているので、自分好みの効果と音楽を付けて素敵な動画に仕上げよう。

1　Quikアプリをスマートフォンにインストールする

「Quik」アプリはiOSとAndroidに対応している。iOS版の場合はApp Storeで、Android版はGoogle Playでダウンロードする。ここではiOS版で解説する。

App Storeで「Quik」をダウンロードする❶。

スマートフォンのホーム画面に戻り、ダウンロードされたことを確認する。タップしてアプリを起動する❷。

2 スマートフォンから画像や動画を読み込む

アプリを起動して、スマートフォンに入っているデータを読み込もう。

ホーム画面から「アルバム」をタップし、「＋アルバムに追加」をタップする❶。

スマートフォンに保存されている画像や動画が表示される。編集をしたい画像や動画を選び、「アルバムに追加」をタップする❷。

3 GoProから画像や動画を読み込む

QuikアプリをGoProと接続し、撮影したメディアを直接読み込もう。

ホーム画面右下の「GoPro」をタップし、GoProとの接続画面を開く。「メディアを表示」をタップする❶。

メディアの読み込みが終わると、GoProに保存されているメディアが表示される。編集したいメディアを選び、画面下部の「ダウンロード」をタップする❷。

「メディアを保存中」という画面が表示されたら、ダウンロードが完了するまで待つ。Quikに取り込まれたメディアは、「メディア」画面の「アプリ」から確認できる。

4 メディアを選択する

画像や動画を読み込んだら、その中から動画に使用したいメディアを選択しよう。

ホーム画面から、下部にある「スタジオ」をタップし、上部にある「自分の編集」をタップする❶。

「＋編集の作成」をタップ❷して、動画に使用したいメディアを選択する。

選択した写真や動画がクリップとして表示される。細かい編集をする場合は、このタイムライン画面から行う。

5 テーマを選択する

GoPro Quikには動画アレンジ用に15種類のテーマが用意されている。テーマによって、効果や演出が異なるので、好みのテーマを見つけよう。

最下部の「テーマ」をタップする。プレートをスライドして任意のテーマを選ぶ❶。

詳細な編集をする場合は、選択したプレートにあるペンアイコンをタップする❷。

「フォント」「グラフィック」から、フォントの形や色、テキストの背景の色などをカスタマイズできる。

6 音楽を選択する

GoPro Quikには音楽も豊富に用意されている。「旅行」「友だち」「愛」などのテーマごとに分類されているので、雰囲気に合いそうなテーマから、ぴったりの音楽を見つけよう。

 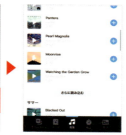 

下部の「音楽」をタップする。テーマをスライド/タップして選び、その中から好きな音楽を選ぶ❶。

右側にある音符アイコンをタップすると、前の画面には表示されていなかったさらに多くの音楽が表示される。

「Myミュージック」を選べば、スマートフォンに保存されている音楽を使用することもできる。

7 長さ、形式を設定する

動画全体にかかわる設定は、「長さ」「形式」から設定することができる。「長さ」では動画の長さを設定し、「形式」では動画の縦横比を設定する。

最下部の「長さ」をタップして、動画の長さを設定する。「Instagramに最適」「音楽に合わせる」「おすすめ」など、用途に応じて最適な長さがスライダーに表示され、左右にスライドして長さを調整する。

最下部の「形式」をタップして、動画の縦横比を設定する。「9:16」「3:4」「1:1」「4:3」など様々な縦横比に変更することができる。

8 クリップを編集する

テンプレートによって自動的に作成されたクリップに対して、詳細な編集を行える。テキストを入れたり、トリミングして満足のいく動画に仕上げよう。

動画を読み込むとテンプレート選択画面が表示される。プレートをスライドして任意のテンプレートを選ぶ❶。

詳細な編集をする場合は動画部分をタップすると、ペンアイコンが表示されるので、それをタップする❷。

自動的に作成されたクリップが表示され、下のアイコンから任意の編集ができる。

■ メディアの追加

タイムライン画面の+をタップすると、「メディア」と「テキスト」の2つのアイコンが表示される。クリップをスライドして、メディアやテキストを追加する位置を調整する。

「メディア」をタップすると、スマートフォンやアプリに保存された写真や動画が表示されるので、追加したいメディアを選択する。

■ アウトロ

タイムラインには、デフォルトでアウトロという動画の終了画面のクリップが用意されている。アウトロのクリップをタップすることで、アウトロを表示するかしないか切り替えることができる。

■ テキスト

テキストを入れたいクリップを選び、「テキスト」をタップする。

任意のテキストを入力して「完了」をタップする。

■ 音量

音量を調節したいクリップを選び、「音量」をタップする。「消音」「ミックス」「ブースト」の3つから選ぶことができる。

■ トリム

トリミングしたいクリップを選び、「トリム」をタップする。

エメラルド色の枠の範囲を左右に調節して、動画として残す部分を決めたら「完了」をタップする。

■ フレーム

傾きや、上下左右の向きを変更したいクリップを選び、「フレーム」をタップする❶。

目盛りの部分をスライドして傾きを調整する。反転や回転は、下部のアイコンをタップして設定する❷。

画面をピンチイン・ピンチアウトすることで、動画の再生範囲のフレームを調整できる。また、「フィット」をタップし、画面の縦横比を変更することもできる。

■ レンズ

HERO11以降のGoProカメラで撮影したメディアでは、「レンズ」で視野角を変更することができる。視野角を変更したいクリップを選び、「レンズ」をタップする❶。

「リニア」「広角」「Super View」「HyperView」から視野角を選択できる。また、「水平」をタップすると、動画を水平に維持することができる❷。

■ 調整

画面の色調を調整したいクリップを選び、「調整」をタップする。「露出」「コントラスト」「自然な彩度」などから変更したい項目を選択し、スライダーで効果の度合いを調整する。

■ 速度

動画の速度を調整したいクリップを選び、「速度」をタップする。＋のアイコンをタップし❶、トラックを左右に動かして、✓のアイコンをタップすることで、速度を調整する範囲を設定する。

1/32倍から32倍の中から任意の速度を選ぶ。＋のアイコンに付随するアイコンをタップすることで、クリップ全体の速度を変更することもできる❷。

画面中央の「フリーズ」をタップする❸。＋のアイコンをタップし、トラックを左右に動かして、✓のアイコンをタップすることで、画面の止まる時間を設定する。

■ フィルター

「フィルタ」をタップして、動画の印象を変えるフィルタを設定する❶。

「雪」「砂漠」「水中」などのテーマに分類された、多様なフィルタの中から選択する❷。

フィルタの効果の度合いは、スライダーを左右に動かして調整する❸。

■ 変更の取り消しとリセット　　　　■ すべてに適用

変更内容を修正したい場合は、⤺をタップし直前の変更内容に戻る。⤻をタップし、取り消した操作をやり直すこともできる。

「リセット」をタップし、すべての変更内容を消去する。

「フィルタ」「音量」「調整」の編集画面にある、「すべてに適用」をタップすると、すべてのクリップに、今編集しているクリップの変更内容を適用することができる。

9 保存する

編集が完了したら保存しよう。保存時には、スマートフォンに保存したり、InstagramやFacebookなどの**SNSにシェア**することができる。

編集が完了したら「保存」をタップする。

スタジオの右上の共有ボタンをタップする。

SNSに動画をシェアしたり、スマートフォンに動画を保存したりすることができる。

応用編 ❶ 自動ハイライトビデオを利用する

Quikには、自動でGoProのメディアをアップロードし、ハイライトビデオを作ってくれる機能がある。

GoProで撮影した後、GoProを充電する。

撮影したコンテンツがクラウドに自動でアップロードされ、その中から最高の瞬間を選択したハイライトビデオが生成される。Quikアプリから、ハイライトビデオが完成したことを知らせる通知が来る。

通知をタップすると、ハイライトビデオが表示される。

■ おすすめ

「スタジオ」の上に表示される「おすすめ」をタップすると、すべてのメディアの中から、自動で生成されたハイライトビデオが表示される。

ハイライトビデオを選択すると、ハイライトビデオが再生される。下部の「編集」「保存」をタップし、ビデオを編集したり、保存したりすることができる。

応用編 ❷ 写真の色味を調整する

Quikの調整機能を上手に使い、写真の色味を調整することで、思い通りの雰囲気の写真を作ることができる。今回紹介する各調整項目の数値を参考に、自由に調整しよう。

■ 色鮮やかな写真にする

加工したい写真を選ぶ。この写真は全体的に色が薄く、青みがかっており、暗い印象を受けるため、レッサーパンダの色がはっきりした、明るく鮮やかな写真にしたい。

「露出」を10下げる。

「コントラスト」を20上げる。

「自然な彩度」を30上げる。

「温度」を30上げる。

「陰影」を20上げる。	「ハイライト」を30下げると、色鮮やかな写真に変身する。	「自動」をタップすると、各調整項目を自動で調整してくれる。

■ 調整項目

露出	光量を調整する。数値を上げると明るくなり、下げると暗くなる。
コントラスト	明暗差を調整する。数値を上げると明るい部分と暗い部分の差が大きくなり、下げると差が小さくなる。
自然な彩度	鮮やかさ(特に彩度の低い部分)を調整する。数値を上げると鮮やかになり、下げるとモノクロに近くなる。
温度	ホワイトバランスを調整する。数値を上げると全体の色合いがオレンジっぽくなり、下げると青っぽくなる。
陰影	暗い部分の明るさを調整する。数値を上げると暗い部分が明るく、下げるとさらに暗くなる。
ハイライト	明るい部分の明るさを調整する。数値を上げると明るい部分がさらに明るく、下げると暗くなる。

応用編 ❸ フィルターを使ってメディアを選ぶ

メディアを選択するときに、フィルターを使用することで、基準に合ったメディアのみを表示することができる。

「メディア」をタップし、「アプリ」「クラウド」「スマートフォン」の中からメディアの保存場所を選ぶ。右上の「フィルター」をタップする❶。

「アプリ」では、「すべて」「写真」「ビデオ」「HiLight」「360度メディア」の中から「フィルター基準」を選ぶことができる。「並べ替え基準」では、「撮影日」を選ぶと撮影日が新しいものから、「最近」を選ぶと最近「アプリ」に追加したものから、「ファイル サイズ」を選ぶとサイズの大きいものから、上に表示される。

「HiLight」を選ぶと、GoProやQuikアプリでHiLightタグをつけたメディアのみ表示される。

「スマートフォン」を選び、「フィルター」をタップする。「フィルター基準」では、「全て」「写真」「ビデオ」を、「並べ替え基準」では「撮影日」「ファイル サイズ」を選ぶことができる。

Chapter 6

GoProのこうしたい！解決Q&A

Section 01	日付・時刻をセットしたい
Section 02	電子音を設定したい
Section 03	QuikCaptureで起動時間を短縮して撮影したい
Section 04	起動時のプリセット/撮影モードを選びたい
Section 05	電源が自動でオフになる時間を設定したい
Section 06	ステータスライトをオフにしたい
Section 07	テレビで再生した時のちらつきを防ぎたい
Section 08	撮影方向をロックしたい
Section 09	スリープするまでの時間を設定したい
Section 10	タッチスクリーンの明るさを調節したい
Section 11	GPSを有効にして撮影したい
Section 12	使用言語を変更したい
Section 13	GoProのファームウェアをアップデートしたい
Section 14	星空を美しく撮影したい
Section 15	光で絵を描きたい
Section 16	幻想的な都市景観を撮影したい
Section 17	撮影時間を決めてから撮影したい
Section 18	バッテリーの状態を確認したい
Section 19	なくしてしまったGoProを見つけたい
Section 20	GoProの情報をリセットしたい
Section 21	ライブストリーミングを使いたい
Section 22	HERO13のレンズを使いこなしたい

Chapter 6 ▶ **GoProのこうしたい！ 解決Q&A**

Section 01 日付・時刻をセットしたい

Keyword　時間 / 日付 / 日付形式

GoProの**日付・時刻**は、購入して最初の初期設定（→P.20）で設定されるが、それ以降でも手動で変更ができる。また、アプリではスマートフォンの時刻をGoProに反映させることができる。

1 時刻を正しく設定する

撮影画面を上から下にスワイプする❶。

右にスワイプし、「ユーザー設定」をタップする❷。

「ユーザー設定」から、「日付・時刻」をタップする❸。

「日付・時刻」から「時刻」をタップする。時刻を「午前」「午後」「24時間」から選び、その後、時間を設定する❹。完了したらチェックマークをタップする❺。

2 日付と日付形式を設定する

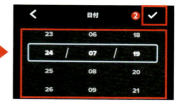

「日付・時刻」から、「日付」をタップする❶。

現在の日付を西暦から設定し、チェックマークをタップする❷。

「日付・時刻」から、「日付形式」をタップする❸。

セットアップ時に選択した言語に基づいて自動的に設定される。手動で変更することもできる❹。

■ アプリの場合

プレビュー画面から「カメラのユーザー設定」をタップし、「日付と時刻の設定」をタップする。スマートフォンの日付・時刻の設定がGoProに反映される。

> **ONE POINT** 日付・時間の設定をおろそかにしていると
>
> バッテリーを長時間外していると時間がズレてしまうことがあるので、必要に応じてセットしよう。ズレたままの設定で使い続けると、記録されるデータ情報に誤りが生じるので注意しよう。

Chapter 6 ▶ GoProのこうしたい！ 解決Q&A

Section 02

電子音を設定したい

Keyword 電子音/ボリューム

GoPro操作時に「ピッ」と鳴る電子音は、オン・オフの設定と、3段階のボリューム設定ができる。

1 電子音を設定する

設定画面の中段、左から2番目の音符アイコンをタップする。タップするたびに、オン/オフが切り替えられる。

■ ボリュームを変更する（HERO11/12の場合）

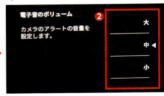

「ユーザー設定」の「一般」から、「電子音のボリューム」をタップする❶。

「大」「中」「小」からボリュームを選ぶ❷。

■ ボリュームを変更する（HERO13の場合）

「ユーザー設定」の「オーディオ」から、「カメラの音量」をタップする❶。

「大」「中」「小」からボリュームを選ぶ❷。

Chapter 6 ▶ GoProのこうしたい！ 解決Q&A

Section 03 QuikCaptureで起動時間を短縮して撮影したい

Keyword　QuikCapture

QuikCaptureをオンにすると、電源オフの状態でもシャッターボタンを押すだけで起動し、即座に撮影が始まる。瞬時に撮影を始めたい場面で便利だ。

1 QuikCaptureを設定する

■ HERO11/12の場合

ダッシュボードのウサギのアイコンをタップしてオンにする❶。ユーザー設定でもオン/オフの設定ができる。

カメラがオフの状態で、シャッターボタンを押す❷。ビデオの録画が開始される。シャッターボタンをもう一度押すと、録画が停止し、GoProの電源がオフになる。

■ HERO13の場合

「ユーザー設定」の「一般」から「QuikCapture」をタップし、オン/オフを設定する。

Chapter 6 ▶ GoProのこうしたい！ 解決Q&A

Section 04

起動時のプリセット/撮影モードを選びたい

Keyword 初期設定プリセット/初期設定モード

GoPro起動直後のデフォルトのプリセットや撮影モードを、自分で設定し直すことができる。よく使うプリセットがあったり、起動後すぐに使いたい場面は、あらかじめ設定しておこう。

1 起動後すぐに撮影できるよう設定する

「ユーザー設定」の「一般」から、「初期設定プリセット」をタップする❶。

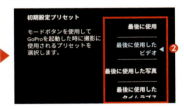

右の項目を上下にスライドして、起動したときに撮影に使用するプリセットを選ぶ❷。「最後に使用」を選ぶと、最後に使ったときのプリセットがそのまま引き継がれる。

■ アプリの場合

プレビュー画面の「カメラのユーザー設定」から、「初期設定のプリセット」をタップする。任意のプリセットを選ぶ。

162

Chapter 6 ▶ GoProのこうしたい！ 解決Q&A

Section 05 電源が自動でオフになる時間を設定したい

Keyword　電源の自動オフ

電源が入ったGoProを放置していると、操作をしていなくてもバッテリーは消費されていく。一定時間操作されずに時間が経過すると、**自動的に電源が切れる**ように設定し、無駄なバッテリー消費を抑えよう。

1　電源の自動オフの時間を設定する

「ユーザー設定」の「一般」から、「電源の自動オフ」をタップする❶。

右の項目を上下にスライドして、電源が自動でオフになるまでの時間を選ぶ❷。

■ アプリの場合

「カメラのユーザー設定」から、「自動オフ」（HERO13では「電源の自動オフ」）をタップする。任意の自動オフになるまでの時間を選ぶ。

Chapter 6 ▶ GoProのこうしたい！ 解決Q&A

Section 06 ステータスライトをオフにしたい

Keyword ステータスライト/LED

ステータスライトは、HERO11/12/13に2カ所搭載されており、撮影中や充電中には赤く点灯し、動作の目印になる。ただし、その分バッテリーも消費するので、不要な場合は点灯しないように設定しよう。

1 ステータスライトをオフにする

■ HERO11/12の場合

「ユーザー設定」の「一般」から、「LED」をタップする❶。

右の項目を上下にスライドして、ステータスライトの点灯を「すべてオン」「すべてオフ」「前面のみオフ」にするかを選ぶ❷。

■ HERO13の場合

ダッシュボードからLEDのオンオフを変更できる。

「ユーザー設定」→「一般」→「LED」から、点灯させるLEDを選択できる。

Section 07 テレビで再生した時のちらつきを防ぎたい

Keyword　アンチフリッカー

録画してテレビで再生する際のフレームレートは地域によって異なる。**地域に適した形式を選ぶ**ことで、屋内で録画されたビデオを再生したときにTV/HDTVでのちらつきを防ぐことができる。

1　ビデオ形式を切り替える

■ HERO11/12の場合

「ユーザー設定」の「ビデオ」から、「アンチフリッカー」をタップする❶。

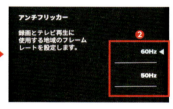

右の項目を上下にスライドして、東日本の場合は「50Hz」、西日本の場合は「60Hz」を選ぶ❷。

■ HERO13の場合

「ユーザー設定」の「地域」から、「地域フォーマット」をタップする❶。

「60Hz」か「50Hz」を選ぶ❷。

Chapter 6 ▶ GoProのこうしたい！ 解決Q&A

Section 08

撮影方向をロックしたい

Keyword　カメラの方向

GoProは本体を回転させることで、撮影の横向きと縦向きを簡単に切り替えることができるが、あらかじめ方向をロックしておくことで、間違った向きでの撮影を防ぐことができる。

1 方向をロックする

■ HERO11/12の場合

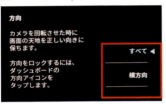

「ユーザー設定」の「ディスプレイ」から、「方向」をタップする。回転にあわせて方向を変えたい場合は「すべて」、横向きでロックしたい場合は「横方向」を選ぶ。

ダッシュボードに方向アイコンが搭載されている。タップすると、矢印の方向を上にしてロックする「ロック済み」に切り替わる。

■ HERO13の場合

ダッシュボードに方向アイコンが搭載されている。タップすると、矢印の方向を上にしてロックする「ロック済み」に切り替わる。

プリセットごとに方向ロックを設定することもできる。プリセットの設定アイコンをクリックし、「ダッシュボード」から「方向」をタップし、任意の角度を選択する。

Chapter 6 ▶ GoProのこうしたい! 解決Q&A

Section 09

スリープするまでの時間を設定したい

Keyword　スクリーンセイバー

一定時間操作を行わないと、バッテリー温存のため、タッチスクリーンが自動的にスリープ（オフ）状態になる。この設定は撮影中にも適応され、スリープ状態のまま長時間の撮影ができる。

1 スクリーンセイバーを設定する

■ HERO11/12の場合

「ユーザー設定」の「ディスプレイ」から、「スクリーンセイバー（背面）」をタップする❶。

右の項目を上下にスライドして、スリープ状態になるまでの時間を「1分」「2分」「3分」「5分」「なし」から選ぶ❷。

フロントスクリーンの設定をしたい時は、「ディスプレイ」から「スクリーンセイバー（前面）」をタップし、「1分」「2分」「3分」「5分」「なし」「リアスクリーンに一致」から選ぶ。

■ HERO13の場合

ユーザー設定の「ディスプレイ」から「スクリーンセーバー」をタップし、スリープ状態になるまでの時間を「1分」「2分」「3分」「5分」から選ぶ。

スクリーンセーバーのオンオフは、ダッシュボードの三日月アイコンをタップすることで切り替えることができる。

プリセットごとにオンオフを設定することもできる。プリセットの設定アイコンをクリックし、「ダッシュボード」から「スクリーンセイバー」をタップすることで切り替えることができる。

Chapter 6 ▶ GoProのこうしたい！ 解決Q&A

Section 10

タッチスクリーンの明るさを調節したい

Keyword 明るさ/LCD

タッチスクリーンは自分の見えやすい明るさに調節できる。明るくすれば操作がしやすい反面、バッテリーの消費が早くなってしまうので、必要に応じて**画面の明るさを設定**しよう。

1 明るさを調節する

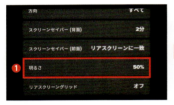

「ユーザー設定」の「ディスプレイ」から、「明るさ」をタップする❶。

右のバーを上下にスライドして、10%〜100%の間で明るさを調節する❷。

■ アプリの場合

「カメラのユーザー設定」から、「LCDの明るさ」(HERO13では「明るさ」)のバーを左右にスライドする。任意の明るさを設定する。

Chapter 6 ▶ GoProのこうしたい！ 解決Q&A

Section 11

GPSを有効にして撮影したい

Keyword　GPS

HERO11/13では、GPSをオンにすると、撮影中のユーザーの動く**速度や距離のデータがGoProに記録**される。GPSデータはQuikなどの編集ソフトを使って動画に追加することもできる。

1　GPS情報を取得する

「ユーザー設定」から、「GPS」をタップする❶。

右の項目を上下にスライドして、「オン」を選ぶ❷。

設定画面のGPSアイコンが白くなったら取得完了❸。信号が確認されるまで最大1分かかる。

■ アプリの場合

 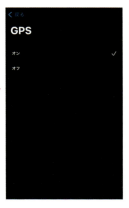

「カメラのユーザー設定」から、「GPS」をタップし、オン/オフを設定する。

使用言語を変更したい

Keyword 言語

GoProの使用言語は、購入して最初に行う初期設定（→P.20）で設定するが、それ以降でも手動で変更ができる。使いやすい言語に設定しよう。

1 言語を設定する

■ HERO11/12の場合

「ユーザー設定」から、「言語」をタップする❶。

右の項目を上下にスライドして、全12言語から選ぶ❷。

■ HERO13の場合

「ユーザー設定」から、「地域」をタップする❶。

「言語」をタップし、設定する❷。

Chapter 6 ▶ GoProのこうしたい！ 解決Q&A

Section 13 GoProのファームウェアをアップデートしたい

Keyword　ファームウェアアップデート/Quikアプリ/手動

ファームウェアとは、GoProに内蔵されているソフトウェアのこと。新機能の追加やユーザビリティの改善のために、定期的にバージョンが更新されるのでリリースされたらアップデートしよう。HERO11/12/13は「GoProアプリ」もしくは「手動」で更新できる。

1 Quikアプリで更新する

Quikアプリを開き、更新したいGoProを選びタップする❶。

更新プログラムが表示される。確認したら「更新」をタップする❷。

免責事項が表示される。確認したら「同意して続行する」をタップする❸。

更新ファイルの転送中はアプリを開いたままにする❹。

転送が完了すると自動でインストールが始まる❺。

171

インストールが終わったら「完了」をタップする❻。

2 手動で更新する

GoPro公式サイト（https://gopro.com/ja/jp/）にパソコンでアクセスし、一番下までスクロールする。「製品ソフトウェアの更新」をクリックする❶。

更新したいGoProの機種を選んでクリックする❷。

GoProの更新内容が表示される。自身のパソコンに合わせて、画面下部の「MACOS」「WINDOWS」をクリックする❸。

手動でGoProをアップデートする方法が表示される。「アップデートをダウンロード」をクリックする❹。

GoProに使用するmicroSDカードを、microSDカード アダプターまたはUSBリーダーを使ってパソコンに挿入する。

ダウンロードしたUPDATE.zipファイルをダブルクリックし、UPDATEフォルダーを作成する。

UPDATEフォルダーをmicroSDカードにドラッグし、microSDカードをパソコンから取り出す。

電源がオフの状態でmicroSDカードをGoProに挿入し電源をオンにする。自動的にアップデートが始まる。処理が完了するとステータススクリーンにチェックマークが表示される。

Chapter 6 ▶ GoProのこうしたい！ 解決Q&A

Section 14 星空を美しく撮影したい

Keyword　スタートレイル

タイムラプスのプリセットの1つである**スタートレイル**を使って夜空を撮影することで、星々が光の軌跡を描く様子を映せる。

1 スタートレイルで撮影する

タイムラプスの撮影画面で、中央のボタンをタップする❶。

プリセット画面に移動したら、リストの中から「スタートレイル」をタップする❷。

軌跡の長さを調整したい時は、撮影画面右上のショートカットアイコンをタップして長さを調整する❸。

■ アプリの場合

プリセット画面で「スタートレイル」をタップする。軌跡の長さは、プリセット画面のペンアイコンをタップし、「トレイルの長さ」から設定できる。

Chapter 6 ▶ GoProのこうしたい！ 解決Q&A

Section 15

光で絵を描きたい

Keyword　ライトペイント

光量の少ない環境で光源を動かす様子を撮影すると、光の軌跡が映し出される。こうして光で絵を描くテクニックをライトペインティングと言う。タイムラプスのプリセットの1つである**ライトペイント**を使うことで、簡単に光の絵を描くことができる。

1 ライトペイントで撮影する

タイムラプスのプリセット画面から、「ライトペイント」（HERO11/HERO13は「ライトペインティング」）をタップする❶。軌跡の長さは撮影画面の右のアイコンから設定できる。

軌跡の長さを調整したいときは、撮影画面右上のショートカットアイコンをタップして長さを調整する❷。

■ アプリの場合

プリセット画面で「ライトペイント」をタップする。軌跡の長さなどの詳細な設定は、ペンアイコンから、設定メニューで変更できる。

175

Chapter 6 ▶ GoProのこうしたい！ 解決Q&A

Section 16 幻想的な都市景観を撮影したい

Keyword　ライトトレイル

タイムラプスのプリセットの1つであるライトトレイルモードを使って、夜間の道路を撮影すると、車のヘッドライトが作り出す眩い光の軌跡を映し出すことができる。高速道路や交通量の多い都市を撮影すると、幻想的な映像が生み出される。

1 ライトトレイルで撮影する

タイムラプスのプリセット画面から、「ライトトレイル」をタップする。軌跡の長さは撮影画面の右のアイコンから設定できる。

軌跡の長さを調整したいときは、撮影画面右上のショートカットアイコンをタップして長さを調整する。

■ アプリの場合

プリセット画面で「ライトトレイル」をタップする。軌跡の長さなどの詳細な設定は、ペンアイコンから、設定メニューで変更できる。

176

Chapter 6 ▶ GoProのこうしたい！ 解決Q&A

Section 17 撮影時間を決めてから撮影したい

Keyword 撮影時間

ビデオを使用する時、あらかじめGoProが録画を開始し、自動的に停止するまでの時間を設定することができる。

1 撮影時間を設定する

プリセット画面から設定メニューに移動し、「時間」をタップする❶。

右の項目を上下にスライドして、「制限なし」「15秒」〜「3時間」の中から撮影時間を選ぶ❷。

シャッターボタンを押して録画を開始する。設定した時間が経過すると、録画は自動的に停止する❸。

■ アプリの場合

プリセットのペンアイコンをタップし、「時間」をタップする。任意の撮影時間を設定する。

Chapter 6 ▶ GoProのこうしたい！ 解決Q&A

Section 18 バッテリーの状態を確認したい

Keyword　バッテリー情報

バッテリー情報で、バッテリーが正常に機能しているか、機種に対応したものを使っているかなどが確認できる。バッテリーの破損は、火災や液漏れが発生する原因にもなるので、定期的にバッテリーの状態を確認して安全に保とう。

1 バッテリー情報を確認する

「ユーザー設定」の「バージョン情報」から、「バッテリー情報」をタップする❶。

「バッテリーの正常性」と「バッテリーのタイプ」が確認できる❷。バッテリーは必ずGoPro充電式バッテリーを使おう。古いバッテリーやGoPro以外のバッテリーを使用すると、パフォーマンスが大幅に制限される。

■ バッテリー寿命を最大限に延ばす方法

●低いフレームレートと解像度でビデオを録画する。
●スクリーンセイバーを使用して明るさを下げる。
●GPSをオフにする。
●ワイヤレス接続をオフにする。
●QuikCaptureで必要なときだけ電源をオンにする。
●電源の自動オフを設定する。

Section 19 なくしてしまったGoProを見つけたい

Keyword カメラを見つける

コンパクトで持ち運びやすいボディは、GoProの魅力のひとつ。しかし、小さいために見失ってしまうこともある。そんなときのために、QuikアプリにはなくしてしまったGoProを探すのに便利な機能が搭載されている。GoProから音が鳴るので、どこにあるのか探しやすくなる。ただし、Quikアプリが必要になるため、Wi-Fi接続していることが条件となる。

1 QuikアプリでGoProを探す

「カメラのユーザー設定」から、「カメラを見つける」をタップする❶。

GoPro本体のステータスライトが点灯しながら、「ピッピッ」と音が鳴る❷。「カメラを見つける」をもう一度タップすると、音が鳴り止む。

Chapter 6 ▶ GoProのこうしたい！ 解決Q&A

Section 20

GoProの情報をリセットしたい

Keyword　リセット

GoProでは、設定した機能やプリセットをいつでもリセットして、**初期の状態に戻す**ことができる。すべてをリセットしたり、必要な部分だけを選んでリセットすることもできるので便利だ。

1 リセットする項目を選ぶ

「ユーザー設定」から「リセット」をタップする❶。

リセットしたい項目を選び、タップする❷。リセットの項目内容は下記を参照。

■ リセット項目

SDカードをフォーマット	すべてのファイルを消去してSDカードを再フォーマットする。
プリセットをリセット	あらかじめ組み込まれているプリセットをオリジナルの設定にリセットし、すべてのカスタムプリセットを削除する。
カメラのヒントをリセット	カメラの手順ごとのヒントを再び取得する。
出荷時リセット	出荷時の状態にリセットする。

Chapter 6 ▶ GoProのこうしたい！ 解決Q&A

Section 21
ライブストリーミングを使いたい

Keyword　ライブストリーミング/Facebook

GoProはアプリと接続することで、撮影した映像をリアルタイムで配信できる**ライブストリーミング**ができる。FacebookやYouTubeなどで決定的な瞬間をリアルタイムでシェアしよう。

1　ライブストリーミングの配信先を選ぶ

Quikアプリを開き、GoProとスマートフォンをWi-Fi接続する。メイン撮影モードの右下にあるライブストリームのアイコンをタップする❶。

ライブストリーミングの配信先を選ぶ。今回は「Facebook」を選ぶ❷。

初回のFacebookライブストリーミング時には、Facebookアカウントにログインする必要がある。「続ける」をタップする❸。

Facebookアカウントにログインする。「携帯電話番号またはメールアドレス」と、「Facebookのパスワード」を入力し、「ログイン」をタップする❹。

ログインに必要な情報の入力が完了したら、「(アカウント名)としてログイン」をタップする❺。

2 ライブストリーミングをセットアップする

セットアップが完了したら、「ライブストリームのセットアップ」をタップする。

❶	ネットワークに接続	接続するインターネット名を選ぶ。初回の接続ではパスワードの入力が必要。
❷	共有先	ライブストリーミングを共有する範囲を選ぶ。
❸	説明	ライブのタイトルや説明を入力する。
❹	解像度	ライブ映像の解像度を選ぶ。
❺	レンズ	ライブ映像の視野角を選ぶ。
❻	コピーを保存	オンにすると、ライブ映像をSDカードに保存できる。
❼	アカウント	ライブストリーミングするアカウント名が記載されている。

3 ライブストリーミングを開始する

「ライブを開始」を
タップすると、ライ
ブストリーミング
が始まる❶。

ライブストリーミングが始まると、GoPro
に「LIVE」の文字が表示される❷。

Quikアプリではプレビュー
が表示されないので、Fac
ebookでプレビューを確
認する。「ストリーミングを
表示」をタップする❸。

ライブストリーミングを停
止するときは、Quikアプ
リの停止アイコンをタップ
するか❹、GoPro本体の
シャッターボタンを押す。

ライブストリーミングを停
止すると、「終了しました」
と表示される❺。

Chapter 6 ▶ GoProのこうしたい！ 解決Q&A

Section 22

HERO13のレンズを使いこなしたい

Keyword　超広角レンズモッド／NDフィルター

HERO13には4つの専用レンズがある。ここでは、「**超広角レンズモッド**」「**NDフィルター**」の2つを紹介。レンズをつかいこなして、よりクリエイティブな映像を撮影しよう。

1 レンズ紹介

■ 超広角レンズモッド

視野角(FOV)が177度まで拡大。標準レンズよりも横幅を36%、縦幅を48%に広げて撮影することが可能となる。アスペクト比1:1に対応しているため、事前にカメラの傾きを変更したり、アスペクト比を調整することなく、撮影後に16:9や縦向き用の9:16などに柔軟にクロップできる。

■ NDフィルター

適度なモーションブラー(ブレ)が適用され、動きの滑らかさやスピード感を表現できる。ND4,8,16,32の4枚がセットになっている。

184

2 取り付け方

レンズの側面に記載されている青字の「レンズ名」が上に来るように本体に装着し、右に向かって回す。

青字の「レンズ名」部分が本体の右側に位置し、レンズと本体の間に隙間ができていないことを確認する。

3 実際に撮影した映像

超広角レンズなし

超広角レンズあり

超広角レンズモードを使用すると、拡大した視野角で撮影できる。1:1のアスペクト比で撮影できるため、YouTube用に16:9、TikTok用に9:16など、使用する媒体に合わせて柔軟に切り出すことができる。

NDフィルターなし

NDフィルターあり

NDフィルターを使用すると通常レンズよりも残像感が強調され、スピード感のある仕上がりになる。

GoProアクセサリーカタログ

GoProはアクセサリーの種類が豊富にある。うまく活用することで撮影の幅が広がり、よりGoProを楽しめるはずだ。

● ハウジング・グリップ・マウント

保護ハウジング

水深60mまでの防水性を備えており、泥や飛んでくるゴミなどから保護できる。

延長ポールと防水リモートシャッター

ポールは25cm〜122cmに伸縮可能。GoProに手が届かない場合でも、脱着式のワイヤレスリモコンで撮影を操作できる。

フレキシブルグリップマウント

GoProを手すり、フェンス、木の枝など、様々な形状のものに取り付けて撮影できる。

Floaty

カメラを水に浮かせることができる。また、目立つ色のため水上でも見つけやすい。クッション素材のパッドのため、保護力も高い。

サーフボードカメラマウント

強い吸着力が求められるサーフボード、カヤック、SUP、ボートデッキなどに最適なマウント。

メディアモッド

高性能の指向性マイクを内蔵し、外部マイクをセットできる3.5mmマイク端子を装備している。映像を外部モニターで再生できるHDMI出力端子に加え、ライト、LCDスクリーン、外部マイクを取り付けるためのコールドシューマウントも備わっている。

● バッテリー・バッグ

HERO13 Black用 デュアルバッテリー チャージャー

2個のバッテリーを同時に充電できるデュアルバッテリーチャージャー。電源に接続していない場合でも、ステータスライトでバッテリーの充電状態を簡単に確認できる。Enduroバッテリーが2個付属している。

デュアルバッテリー チャージャー

HERO9～HERO12までに対応しているデュアルバッテリーチャージャー。

Casey セミハード カメラケース

カスタマイズ可能な圧縮成形ケース。パッド入りの構造で、柔らかなトリコット生地の裏地が付いている。

● HERO13専用のアクセサリー

マクロレンズモッド

通常のレンズと比べて4倍のクローズアップができる。フォーカスリングを回して、ピントを11cm～75cmの間で手動で調節が可能。

マグネット式 ラッチマウント

マグネットタイプのため、サムスクリューを使わずに、HERO13の各種マウントをすばやく簡単に交換できる。ラッチをつまむだけなので簡単に外すことができる。

Contacto マグネット式ドア ＋電源ケーブルキット

GoProに給電しながら長時間撮影できる。バッテリードアを開けずに充電できるため、防水機能を維持できる。

HERO11／HERO12／HERO13機能比較一覧

		HERO11 Black
基本情報	価格	¥54,800
	サイズ	幅71.8×高さ50.8×奥行き33.6 (mm)
	重量（カメラのみ）	121g
	マウント時の重量 （カメラ＋バッテリー＋マウントフィンガー）	154g
	フォールディングフィンガー内蔵	○
ハードウェア	前面ディスプレイ（ステータススクリーン）	1.4インチカラーLCD
	背面ディスプレイ（タッチスクリーン）	2.27インチタッチLCD
	GP2チップ	
	防水機能	10m
	HDMIポート	メディアモジュラー（H9B/H10B/H11B）
	USBポート	USB-C
	記録メディア	microSDカード、microSDHCカード、 microSDXCカード
	メモリーストレージ/SDカード	V30またはUHS-3以上のmicroSD™x1
	バッテリー	着脱可能な1720mAhEnduroバッテリー
	交換式レンズの有無	―
	マイクの数	3
主な特徴	ビデオ安定化機能	HyperSmooth5.0
	水平維持機能	固定：リニア＋水平ロックレンズ
	TimeWarpビデオ	TimeWarp
	デジタルレンズ/FOV	HyperView、SuperView、広角、リニア、 リニア＋水平ロック/水平維持
	RAW形式撮影	27.13MP（5568x4872）
	設定プリセット/カスタムプリセット	○
	音声コントロール/音声起動	○
	カスタマイズ可能な画面上のショートカット	○
	高度なメタデータ	―
	3.5mmオーディオマイク入力	○
	ウィンドノイズ低減	3マイク処理
	ステレオオーディオ	
	RAW形式の音声取得	WAV形式
	Wi-FiとBluetooth	
	Quikアプリへの接続	○
	GPS	○
	Protune	○
	クラウドへの自動バックアップ	GoProサブスクリプションの登録
	クラウドへの自動アップロード	GoProサブスクリプションの登録

Chapter 4 執筆協力者一覧

Chapter 4で映像とテクニックをご提供してくださった皆様です。
YouTubeの情報をご紹介しますので是非アクセスしてみてください。

Section01 サーフィン・マリンスポーツ

DEARS SURF CHANNEL

https://www.youtube.com/@dearssurf

HERO12 Black	HERO13 Black
¥62,800	¥68,800
幅71.8×高さ50.8×奥行き33.6（mm）	幅71.8×高さ50.8×奥行き33.6（mm）
121g	121g
154g	154g
○	○
1.4インチのカラーディスプレイ	1.4インチのカラーディスプレイ
2.27インチのタッチディスプレイ	2.27インチのタッチディスプレイ
10m	10m
メディアモジュラー（H9B/H10B/H11B/H12B）	メディアモッド（H9B/H10B/H11B/H12B）
USB-C	USB-C
microSDカード、microSDHCカード、microSDXCカード	microSDカード、microSDHCカード、microSDXCカード
V30またはUHS-3以上のmicroSD™x1	A2V30以上のmicroSDカード1枚
着脱可能な1720mAhEnduroバッテリー	取り外し可能な1900mAhEnduroバッテリー
○	○
3	3
HyperSmooth6.0	HyperSmooth6.0
固定：リニア＋水平ロックレンズ	固定：リニア＋水平ロックレンズ
TimeWarp3.0	TimeWarp3.0（最大5.3K）
HyperView、SuperView、広角、リニア、リニア＋水平ロック/水平維持	HyperView、SuperView、広角、リニア、リニア＋水平ロック/水平維持
27.13MP（5568x4872）	27.13MP（5568x4872）
○	○
○	○
○	○
○	○
○	○
3マイク処理	3マイク処理
○	○
WAV形式	WAV形式
○	○
○	○
—	○
GoProサブスクリプションの登録	GoProサブスクリプションの登録
GoProサブスクリプションの登録	GoProサブスクリプションの登録

Section02　バイク・自転車 ／ Section03　家族との日常 ／ Section05　旅の記録

Kei Shinohara

https://www.youtube.com/@KShinohara

Section04　愛犬との日々

アメリカンブリーとぼく CH

https://www.youtube.com/@ameburi_ch

索引

英数字

1/4-20 マウント用ねじ穴	15
EV 値	84
GPS	21,29,169
HDR	37,98
HERO	60
HiLight タグ	88
Hyper View	66
HYPERSMOOTH	70
ISO 感度	80
LCD	168
LED	30,164
microSD カード	19
microSD カードスロット	15
ND フィルター	184
Protune	72
Quik	22,29,52,144
QuikCapture	28,161
RAW	98,118
Super Photo	39,98
Super View	66
TimeWarp	40,108
USB-C ポート	15

あ

明るさ	168
アクティビティ	36
アップデート	171
アンチフリッカー	165
イージーコントロール	28,34
ウィンドノイズ	100

音声コントロール　21,29,102

か

解像度	62
画面ロック	29
カラー	78
ギャラリービュー	47
言語	20,170

さ

撮影情報	49
サムスクリュー	24
自動オフ	163
シネマティック	36
シャープネス	82
写真タイマー	94
シャッター速度	96
シャッターボタン	14,27
消去	50
ショートカット	28
初期設定	20
水平ロック	116
スクリーンセイバー	30,167
スケジュールキャプチャー	92
スタートレイル	40,174
ステータススクリーン	30
ステータスライト	14,164
スピーカー	15
スライダー	48
スローモーション	36
スワイプ	26

た

タイムラプス	40,110
タッチズーム	68
タッチスクリーン	15,26
タッチディスプレイ	46
タップ	26
超広角レンズモッド	184
デュレーションキャプチャー	92
電源	20
電子音	160
ドアラッチ	15
ドレインマイク	14

な

ナイト	38
ナイトフォト	39,106
ナイトラプス	40,112
粘着性ベースマウント	24

は

バースト	38,104
ハインドサイト	114
パソコン	58
バッテリー	15,18,178
バッテリードア	15
日付・時刻	158
ファームウェア	171
フォールディングフィンガー	15
プリセット	42
フルフレーム	36
フレームレート	64

プロコントロール	28,35
フロントスクリーン	14,31
ベースマウント	32
方向ロック	28,166
法的事項	20
ホワイトバランス	76

ま

マイク	14
マウント	24
マウント用バックル	24
マグネット式ラッチマウント接続部	15
モードボタン	14,27

ら

ライトトレイル	40,176
ライトペインティング	40
ライトペイント	175
ライブストリーミング	181
リセット	180
リニア	66
リムーバブルレンズ	14
ループ	45,90
レンズ	66
露出コントロール	86

わ

ワイド	66

191

■ お問い合わせの例

FAX

1 お名前
技評 太郎
2 返信先の住所またはFAX番号
03-××××-××××
3 書名
今すぐ使えるかんたんmini
GoPro 基本＆応用
撮影ガイド［改訂第3版］
4 本書の該当ページ
22ページ
5 ご質問内容
スマートフォンと接続できない

■ お問い合わせについて

本書に関するご質問については、本書に記載されている内容に関するもののみとさせていただきます。本書の内容と関係のないご質問につきましては、一切お答えできませんので、あらかじめご了承ください。また、電話でのご質問は受け付けておりませんので、必ずFAXか書面にて下記までお送りいただくか、弊社ウェブのお問い合わせフォームをご利用ください。

なお、ご質問の際には、必ず以下の項目を明記していただきますようお願いいたします。

1 お名前
2 返信先の住所またはFAX番号
3 書名
（今すぐ使えるかんたんmini
GoPro 基本＆応用 撮影ガイド
［改訂第3版］）
4 本書の該当ページ
5 ご質問内容

なお、お送りいただいたご質問には、できる限り迅速にお答えできるよう努力いたしておりますが、場合によってはお答えするまでに時間がかかることがあります。また、回答の期日をご指定なさっても、ご希望にお応えできるとは限りません。あらかじめご了承くださいますよう、お願いいたします。
ご質問の際に記載いただいた個人情報は、ご質問の返答以外の目的には使用いたしません。また、返答後はすみやかに破棄させていただきます。

今(いま)すぐ使(つか)えるかんたんmini(ミニ)
GoPro(ゴープロ) 基本(きほん)＆応用(おうよう)
撮影(さつえい)ガイド［改訂(かいていだい)第3版(はん)］

2024年12月21日 初版 第1刷発行

著者●ナイスク
発行者●片岡 巖
発行所●株式会社 技術評論社
　　　東京都新宿区市谷左内町21-13
　　　電話 03-3513-6150 販売促進部
　　　　　 03-3513-6166 書籍編集部
編集・制作●ナイスク　https://naisg.com
　　　松尾里央／岸 正章／崎山大希
担当●下山航輝（技術評論社）
協力●GoPro, Inc.
装丁●田邉恵里香
DTP●佐々木志帆
制作協力●DEARS SURF CHANNEL／
　　　　Kei Shinohara／
　　　　アメリカンブリーとぼくCH
製本／印刷●TOPPANクロレ株式会社

定価はカバーに表示してあります。
落丁・乱丁がございましたら、弊社販売促進部までお送りください。
交換いたします。
本書の一部または全部を著作権法の定める範囲を超え、無断で
複写、複製、転載、テープ化、ファイルに落とすことを禁じます。
©2024 Naisg co., Ltd
ISBN978-4-297-14610-8 C3055
Printed in Japan

■ 問い合わせ先

〒162-0846
東京都新宿区市谷左内町21-13
株式会社技術評論社　書籍編集部
「今すぐ使えるかんたんmini
GoPro 基本＆応用 撮影ガイド
［改訂第3版］」
質問係
FAX番号：03-3513-6183
URL：https://book.gihyo.jp/116